重庆市地质灾害防治中心科技计划项目(20C0023)资助

三峡库区藕塘滑坡多期次继承演化过程与防治对策

SANXIA KUQU OUTANG HUAPO DUO QICI
JICHENG YANHUA GUOCHENG YU FANGZHI DUICE

苏爱军　宋洪斌　王菁莪　邹宗兴
张锦程　马　飞　谭　磊　刘懋霞　著
邓也丹　王　健　王　愚　王沁梅
龚松林　曾　雯　刘亚军　谭钦文

图书在版编目(CIP)数据

三峡库区藕塘滑坡多期次继承演化过程与防治对策/苏爱军等著. —武汉:中国地质大学出版社,2024.10. —ISBN 978-7-5625-5966-5

Ⅰ. P642.22

中国国家版本馆 CIP 数据核字第 2024SB2435 号

三峡库区藕塘滑坡多期次继承演化过程与防治对策		苏爱军 等著
责任编辑:谢媛华	选题策划:谢媛华	责任校对:宋巧娥
出版发行:中国地质大学出版社(武汉市洪山区鲁磨路388号)		邮编:430074
电　　话:(027)67883511	传　　真:(027)67883580	E-mail:cbb@cug.edu.cn
经　　销:全国新华书店		http://cugp.cug.edu.cn
开本:787 毫米×1092 毫米　1/16	字数:275 千字	印张:10.75
版次:2024 年 10 月第 1 版	印次:2024 年 10 月第 1 次印刷	
印刷:武汉中远印务有限公司		
ISBN 978-7-5625-5966-5		定价:78.00 元

如有印装质量问题请与印刷厂联系调换

前言

藕塘滑坡位于重庆市奉节县长江南岸，地处三峡库区腹地，是三峡库区体积最大、危害最严重的滑坡之一。三峡水库蓄水后，藕塘滑坡变形导致三峡移民搬迁集镇奉节县安坪镇整体二次搬迁。虽然该滑坡范围内的居民已经整体搬迁，但监测数据表明该滑坡部分区域仍在持续变形。滑坡一旦整体失稳必将严重威胁附近居民的生命财产安全和长江航道与沿岸城镇安全，导致重大社会经济损失。对藕塘滑坡形成、演化机制、发展趋势及其防治对策进行研究，是三峡库区地质灾害防治的重要课题。研究成果可为该滑坡的防治提供基础支撑，也可供同类滑坡研究与防治参考借鉴。

藕塘滑坡是三峡库区三叠系须家河组—侏罗系砂泥岩地层组成的顺向斜坡中特大型基岩滑坡的典型代表，是具有继承性发育特征的滑坡群，由下向上按滑移破坏新老划分为一级滑坡和二级滑坡。该滑坡形成演化与三峡河谷地貌演化过程具有密切的相关性，对其形成与演化机制、滑体结构特征以及长期稳定性与防治对策等问题进行深入研究，具有重大的科学价值和实际意义。

本书基于长江三峡地貌演化过程和藕塘滑坡区域地质背景相关的文献及资料，分析了长江三峡奉节段河谷地貌演化过程与区域地质活动之间的关系。基于钻探、井探、洞探、槽探、物探等详细的勘察数据，结合多种地质测年技术方法，研究了奉节地区河谷地貌演化过程与藕塘滑坡演化的相关性；基于藕塘滑坡全方位三维勘察数据和多层级滑带测年数据，分析了滑坡演化过程中的时空变形破坏特征，首次提出了滑坡与长江地貌演化过程相关联的继承性演化模式，为滑坡稳定性分析与变形预测提供了准确的地质模型，同时也为三峡库区其他特大型古滑坡地质结构的勘察研究提供了重要的理论基础与参考案例。采用地面核磁共振与自由电场探测相结合的方法，查明了藕塘滑坡的地下水分布特征。通过核磁共振数据处理与反演分析，获取了滑坡典型区域地下垂向不同深度的体积含水率分布规律，揭示了该类含软弱层顺层岩质滑坡的地下水竖向分层分布现象与规律。基于自由电场探测数据,分析了滑坡体不同区域的电位差所反映的滑坡地下水在水平方向上的横向运移规律。综合上述成果,查明了滑坡地下水在三维空间中的赋存状态与渗流过程。通过多种高等土力学试验,包括干湿循环试验、非饱和土力学试验、环剪试验等测试了滑坡岩土体的物理力学性质,结合勘查阶段的原位剪切试验,钻孔抽、注水试验与地下水位观测等,揭示了滑带土在不同环境条件下的力学特性变化规律以及滑体水文地质特征与渗流场变化规律,为滑坡稳定性分析及防治方案设计提供了准确的水文边界条件与计算参数。

藕塘滑坡的变形特征与破坏模式研究表明,滑坡变形活动受地质因素和环境因素的双重影响。现场监测数据显示,滑坡的变形特征具有明显的区域差异,一级滑坡变形主要受库水位变化影响,二级滑坡变形则主要受降雨影响。通过数值试验模拟了滑坡在降雨和库水位变化条件下的变形破坏过程,分析了滑坡在不同工况下的稳定性和变形规律,预测了滑坡的长期稳定性和变形趋势;结合滑坡形成演化机制、变形破坏模式研究成果及最新的变形监测数据,对滑坡的长期稳定性和危害性进行了全面评价。研究表明,藕塘滑坡在降雨、库水位变化以及极端地震条件下的稳定性存在显著差异。其中,一级滑坡在水库正常蓄水条件下基本稳定,但在库水位快速下降时易发生局部崩滑;二级滑坡对降雨响应敏感,在极端降雨条件下处于不稳定状态;滑坡的长期稳定性受滑带持续蠕滑及干湿循环强度劣化过程控制,滑带力学参数的逐渐降低将显著影响滑坡的整体稳定性。

在综合分析滑坡地质结构、演化过程、岩土参数、变形监测数据及稳定性计算结果的基础上,将藕塘滑坡范围划分为不同等级的风险区。其中,高风险区包括西侧双大田平台后方和二级滑坡前缘,这些区域在滑坡活动中可能发生严重的变形和破坏,威胁沿岸基础设施和居民的安全。此外,滑坡可能产生的涌浪对沿岸基础设施、长江航道和水域内船舶构成严重威胁。

目前,三峡库区多个特大型滑坡仍在发生持续的局部变形,尚缺乏行之有效的防治对策。深部排水是治理特大型深层水库滑坡的重要技术方向,目前仍处于探索阶段,应用案例不多。本研究结合准确的地质结构模型与材料参数,通过数值模拟方法分析了深部排水系统的作用效果,为水库特大型滑坡的稳定性评价与防治方案优化设计提供了重要参考,同时也为类似地质环境下的滑坡防治提供了宝贵的经验和方法。

限于著者水平,书中难免存在不足之处,敬请广大读者批评指正。

著者

2024 年 5 月

目 录

1 绪 论 …………………………………………………………… (1)
  1.1 研究背景 ………………………………………………… (1)
  1.2 研究目的与意义 ………………………………………… (2)
  1.3 研究现状 ………………………………………………… (3)
  1.4 主要研究内容 …………………………………………… (8)
  1.5 研究技术路线 …………………………………………… (9)

2 河谷地貌过程与滑坡形成演化机制 ………………………… (11)
  2.1 长江三峡河谷地貌过程 ………………………………… (11)
  2.2 研究区地质背景与三维地质模型 ……………………… (14)
  2.3 藕塘滑坡地质结构 ……………………………………… (22)
  2.4 藕塘滑坡演化过程 ……………………………………… (59)

3 滑坡岩土体物理力学性质 …………………………………… (83)
  3.1 成分与结构特征 ………………………………………… (83)
  3.2 基本物理力学性质 ……………………………………… (84)
  3.3 基于环剪试验的滑带土剪切力学特性 ………………… (86)
  3.4 基于大尺寸剪切试验的滑带土剪切力学特性 ………… (89)
  3.5 滑带土干湿循环劣化试验 ……………………………… (93)
  3.6 滑带土非饱和力学试验 ………………………………… (95)

4 滑坡变形特征与破坏模式 …………………………………… (98)
  4.1 藕塘滑坡现场监测数据分析 …………………………… (98)
  4.2 InSAR 变形解译 ………………………………………… (108)
  4.3 树轮分析 ………………………………………………… (118)
  4.4 藕塘滑坡破坏模式 ……………………………………… (121)

5 滑坡稳定性与危害性评估 …………………………………… (125)
  5.1 降雨与库水位波动作用下滑坡稳定性和变形分析 …… (125)
  5.2 考虑滑坡变形和影响因素动态稳定性评价 …………… (130)
  5.3 滑坡涌浪预测 …………………………………………… (138)
  5.4 滑坡危险性分区 ………………………………………… (145)

6 藕塘滑坡防治对策 …………………………………………………（148）
6.1 藕塘滑坡现有治理措施 …………………………………………（148）
6.2 地下排水防治效果评价 …………………………………………（149）
6.3 排水洞优化设计 …………………………………………………（154）
主要参考文献 …………………………………………………………（159）

1 绪 论

1.1 研究背景

藕塘滑坡位于重庆市奉节县长江南岸(图 1.1-1),系原重庆市奉节县安坪镇所在地(图 1.1-2),是该地区较典型且严重的滑坡之一。安坪镇是继湖北省巴东县新县城黄土坡社区之后,又一个因三峡工程再次迁建的重点集镇。重新迁建的原因在于受降雨与三峡水库水位变化影响,藕塘滑坡变形活动十分活跃,严重危害移民迁建重点集镇安坪镇的安全。受重庆市规划和自然资源局委托,重庆市地质灾害防治中心和中国地质大学(武汉)承担了"三峡库区藕塘滑坡演化机制与防治对策研究"项目,旨在深入研究该滑坡的形成机制、演化过程、发展趋势,并提出防治措施建议,服务三峡库区防灾减灾。

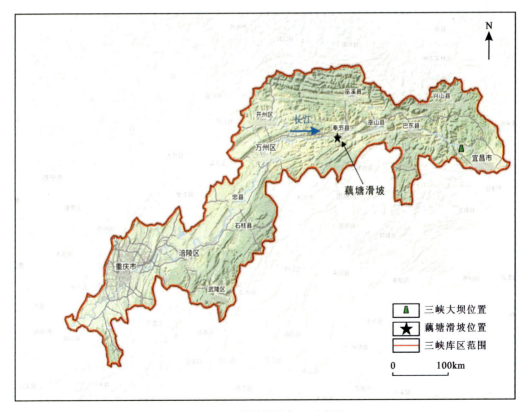

图 1.1-1 藕塘滑坡位置示意图

图 1.1-2　藕塘滑坡全貌图

1.2 研究目的与意义

藕塘滑坡地处三峡库区腹地,构造上位于故陵向斜扬起端附近的南东翼,为一个成因机制及结构复杂、识别难度大的顺向基岩古滑坡。前期勘察提出该滑坡体积约 $8950 \times 10^4 \mathrm{m}^3$,受降雨与三峡水库水位变化影响,处于不稳定—欠稳定状态。特别是 2009 年 9 月滑坡前缘产生变形以来,滑坡变形活动变得十分活跃,2011 年至今监测到的最大位移量已超过 800mm。尽管滑坡体上安坪镇已再次全迁,但藕塘滑坡一旦发生整体失稳,将威胁长江主航道安全,滑坡诱发的次生涌浪可能危及奉节、云阳、巫山县城和沿岸移民生命财产及三峡枢纽安全。

三峡库区具有重大影响的顺向基岩滑坡有藕塘滑坡、黄土坡滑坡、新铺滑坡、千将坪滑坡、白水河滑坡、旧县坪滑坡、云阳西城滑坡和玉皇阁滑坡等。其中,千将坪滑坡和白水河滑坡分别是三峡水库 135m 水位蓄水过程中新产生的顺向基岩滑坡和受三峡水库水位调度影响再次复活的老滑坡,藕塘滑坡、黄土坡滑坡则是受三峡水库水位调度影响持续在滑移变形的滑坡。黄土坡滑坡和玉皇阁滑坡在三峡库区峡谷段巴东组易滑地层顺向基岩库

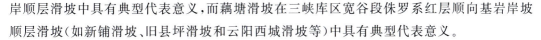

岸顺层滑坡中具有典型代表意义,而藕塘滑坡在三峡库区宽谷段侏罗系红层顺向基岩岸坡顺层滑坡(如新铺滑坡、旧县坪滑坡和云阳西城滑坡等)中具有典型代表意义。

鉴于藕塘滑坡的典型代表意义及可能产生的巨大危害和社会影响,本研究对该滑坡的形成与演化机制、滑体结构特征以及长期稳定性与防治对策等问题开展深入研究,具有重大科学价值和实际意义。本项目研究的目的:查明藕塘滑坡的地质结构,揭示藕塘滑坡的形成与演化机制、破坏模式,评价滑坡体的稳定性现状与发展趋势,提出防治对策;建立并逐步完善库水位变化条件下巨型和特大型滑坡演化过程与防控技术方法,指导水库滑坡多场监测、信息融合、预测预报以及工程治理工作,提高滑坡防治水平。

1.3 研究现状

水库滑坡是一种水电工程库区常见的地质灾害类型,备受社会关注。本节将围绕三峡库区水库滑坡研究现状、藕塘滑坡勘察防治历史以及藕塘滑坡研究现状3个方面进行综述。

1.3.1 三峡库区水库滑坡研究现状

水库滑坡的形成是以地形地貌和地质结构等为主导的内地质因素和库水位波动及降雨入渗等外动力因素共同作用下的复杂地质过程。长期以来,学者们围绕水库滑坡孕育地质环境、水库滑坡诱发因素及其变形破坏模式等方面开展了系统深入的研究。

学者们在水库滑坡,尤其是三峡库区、水库滑坡形成机理研究方面取得了丰富成果。聂世平等(1987)、王孔伟等(2007)、张帆等(2007)发现新构造活动带对滑坡密集带的分布具有控制性作用,李晓等(2008)认为新构造运动和第四纪气候变化的耦合是大型古滑坡发育的主要动力因素。梁学战等(2009)认为地质环境中的构造、岩性和地貌组合条件是控制滑坡形成与分布的关键。乔建平等(2004)认为地层岩性对水库滑坡发育起到了主导性作用。三峡库区滑坡主要发育于三叠系巴东组和侏罗系软硬相间的砂泥岩或泥岩类岩组中(Tang et al.,2019),顺层岩质滑坡最为发育(殷跃平,2005,2010)。刘传正等(2004)将水库滑坡的岸坡结构划分为土质、岩质、崩滑堆积体和复合岩土体。这些研究成果为理解水库滑坡的形成机理提供了重要依据。

此外,学者们通过数值模拟、模型试验和现场监测等手段研究了降雨、库水位及二者联合作用下水库滑坡的变形和失稳机理。在降雨作用方面,学者们探究了基质吸力和孔隙水压力的动态变化规律(Zhang et al.,2000;简文星等,2013;Tang et al.,2015b),同时分析了降雨强度、降雨量(Liu et al.,2018)、降雨类型(任佳等,2016)以及降雨条件(刘新喜等,2005)等要素对水库滑坡稳定性的影响。另外,水库蓄水和库水位周期性变动也会对渗流场和应力场产生重要影响,学者们利用模型试验(Jia et al.,2009;Miao et al.,2018)、现场监测(Casagli et al.,1999;Rinaldi et al.,2004)和数值模拟(Cojean and Cai,2011)方法,研究了孔隙水压力的时空变化以及库水位变化对滑坡稳定性的影响。水库滑坡变形失稳通常是库水位和降雨联合作用的结果。李晓等(2004)、吴琼等(2004)建立了库水位升降联合降雨作用下库岸边坡浸润线解析模型。Tang 等(2015)、易庆林等(2017)采用统计学及敏感性分析等方法研究了库水位和降雨对滑坡变形的影响。这些研究成果为理解水库滑坡的变形失稳机理提供了基础,并为进一步研究诱发型水库滑坡提供了有力依据。

变形破坏模式是水库滑坡研究的一项重要内容,分析变形破坏特点和力学机制的角度不同,水库滑坡变形破坏模式划分方式不同。吴树仁(2006)将水库滑坡宏观变形机理分为滑动面控制、滑体控制和两者组合控制 3 类。易武等(2011)在滑坡监测的基础上,根据库水位升降变化和滑坡体渗透特征及稳定性,将三峡库区滑坡动态变形模式划分为蓄水滞后型、退水滞后型、蓄水同步型和退水同步型 4 种类型。唐辉明(2008)根据滑坡空间变形特征,将水库滑坡分为牵引式和推移式。肖诗荣等(2010)和 Tang 等(2019)根据库岸滑坡变形失稳库水作用力学方式,将水库滑坡可分为浮托型和动水压力型。

目前我国在水库滑坡形成机理研究方面已取得了丰硕的研究成果,这些成果为藕塘滑坡的形成机理研究奠定了基础。

1.3.2 藕塘滑坡勘察防治历史

藕塘滑坡稳定性备受关注,前人在地质普(调)查、勘查、监测工作等方面开展了大量研究工作成果如下:

(1)《1:20 万区域水文地质普查报告(奉节幅)》(1979—1981 年),由四川省地质局审查通过。

(2)《1:20 万区域地质调查报告(奉节幅)》(1978—1980 年),由四川省地质矿产勘查开发局 107 地质队承担,由四川省地质局审查通过。

(3)《长江三峡工程库区新屋、藕塘滑坡工程地质调查研究报告》(1988 年),由四川省地质矿产勘查开发局南江水文地质工程地质队编写。该报告得出如下结论:藕塘滑坡在无地震影响情况下,无论是建库前还是建库后均处于稳定状态。在暴雨或集中降雨且排水失效或长江发生特大洪水时,滑坡稳定程度有所降低。三峡水库建成后,放水期间对滑坡稳定性影响不明显。水库放水期间,特别是当地连降暴雨后放水,滑坡可能发生局部失稳。若滑坡区发生Ⅶ度左右的地震,滑坡将会复活。滑坡整体一旦复活失稳,对其上和附近居民、航道的威胁不容忽视,但对水库的效益和三峡大坝无重大影响。该次调查所圈定的滑坡范围相当于本次研究中一级滑坡范围。

(4)《奉节县迁建城镇新址地质论证报告(详勘阶段)》(1995 年 12 月),由长江水利委员会综合勘测局承担。该报告得出结论如下:藕塘一带为一大型滑坡群,大沟以西部分为藕塘滑坡。圈定的藕塘滑坡范围前缘分布高程 93~100m,后缘分布高程约 350m,长约 1700m,宽 1300~1800m,面积约 $133×10^4 m^2$,体积约 $6550×10^4 m^3$。滑坡总体稳定(首先得益于前缘长约 300m 的反翘部位,其次是中后部滑体的厚度不大,失稳不足以推动前缘反翘段滑体)。该次调查所圈定的滑坡范围大致相当于本次滑坡勘查中一级、二级滑坡范围。

(5)《三峡库区奉节县麻柳坡滑坡(藕塘滑坡)工程地质勘查报告》,由长江勘测规划设计研究院有限责任公司于 2009 年 12 月—2010 年 12 月完成并于 2012 年 12 月提交勘查报告修订版。该报告得出如下结论:麻柳坡滑坡(藕塘滑坡)为一顺层岩质滑坡,滑坡整体(深层)已出现较明显的变形迹象,滑坡欠稳定。第二序次滑体(体积 $1550\times10^4\text{m}^3$)基本稳定。滑坡区内同时还存在两处欠稳定土体,即东部较严重变形区(体积 $105\times10^4\text{m}^3$)和西部较严重变形区(体积 $320\times10^4\text{m}^3$)。两处欠稳定土体一旦失稳,必然会对滑坡东部、西部深层稳定产生不利影响,进而对中部滑体的深层产生连带影响。该次调查所圈定的滑坡范围大致相当于本次滑坡勘查中一级、二级滑坡范围。

(6)《三峡库区奉节县麻柳坡滑坡(藕塘滑坡)区补充工程地质勘查报告》(2012 年 11 月),由长江勘测规划设计研究院有限责任公司结合滑坡监测数据与补充勘查成果完成。该报告得出如下结论:滑坡区的整体深层变形及局部浅层变形明显,两者的变形趋势均未见收敛和减缓迹象,且处于不稳定—欠稳定状态,不排除产生大规模突发失稳的可能性,进而破坏安坪镇和影响长江航道。该次调查所圈定的滑坡范围大致与本次滑坡勘查中滑坡范围相当。

(7)《重庆市三峡库区后续地质灾害防治工程治理项目奉节县藕塘滑坡详细勘查报告》(2014 年 9 月)。2013 年 5 月以来,四川省地质矿产勘查开发局南江水文地质工程地质队在初步勘查报告的基础上,开展了详细的勘查工作完成了此报告。该报告进一步深化了对奉节县藕塘滑坡的认识,得出如下结论:后缘变形山体为第三级滑坡,藕塘滑坡分为三级,平面形态呈斜歪倒立古钟状,藕塘滑坡前缘高程 90~102m,后缘高程约 705m,南北纵向长 1990m,面积约 $176.9\times10^4\text{m}^2$,厚度 2.8~128.0m,体积约 $8950\times10^4\text{m}^3$。

(8)自 2009 年至今,长江勘测规划设计研究院有限责任公司和中国地质科学院探矿工艺研究所等单位对藕塘滑坡开展了持续的监测工作。10 余年的表观与深部监测表明,滑体表现出区域性的差异变形特点,变形主要发生滑坡后部、中部与中前部西侧。滑体前缘涉水部分变形表现为与降雨、库水浸泡与涨落等因素有较强的关联性;滑坡中上部滑体与后缘变形山体的变形则主要与不良地质结构、强降雨及较高势能相关性较高。滑坡区总体变形趋势经历了由缓慢蠕滑启动至匀速变形的过程,未见明显收敛或停滞,只是前缘阻滑与中上部推移特征日趋明显,且积累的应力、应变正在向集镇部位聚集。因此,应密切关注滑坡中上部的快速变形与前缘集镇变形速率的逻辑关系,对滑坡的总体稳定性与变形发展趋势的研判仍需十分谨慎。

(9)安坪镇迁建新址建设期间,该滑坡实施了局部浅层治理。治理工程于 2002 年初开始施工,于 2003 年 11 月竣工,工程总投资约 1500 万元。治理工程主要针对前部浅层滑体,分为浅层局部治理工程、局部抗滑支挡工程、局部库岸防护工程和排水系统 4 个部分。该治理工程对藕塘滑坡前部浅层滑体的稳定性有一定程度的改善和提升,保证了前期集镇建设的顺利实施,为三峡水库蓄水和安坪镇的安全运行提供了一定的保障条件。鉴于藕塘滑坡当前和未来变形演变态势的复杂性、高风险性和不确定性,同时为预防滑坡灾害引发的重大人员伤亡和财产损失,避免大规模快速入库涌浪等次生灾害,保障长江航道正常运行,2013年滑坡东部较严重变形区实施了必要的应急工程治理。东部较严重变形区应急治理工程于2013年4月开工,同年竣工,治理工程总投资约2500万元,堆填土石方约35×$10^4 m^3$,主要工程措施包括变形体东部大沟侧堆填块石、碎块石和碎块石土压脚,压脚坡底设置排洪沟排水,压脚体坡面采用格构＋预制六方块护面等。该治理工程对藕塘滑坡东部前缘滑体的稳定性有一定提升作用,延缓了东部前缘滑体加速变形趋势。

(10)2019年,藕塘滑坡实施了地下排水工程,主要包括2条地下排水洞,主洞整体设置在滑床,通过洞顶两侧设置排水孔伸入滑体排除地下水。其中,1号排水洞位于滑坡下部,全长1 108.0m,起点底板高程185.0m,排水纵坡0.5‰。1号排水洞共设置6条排水支洞。排水支洞垂直于主洞,支洞A长35m、支洞B长50m、支洞C长35m、支洞D长35m、支洞E长45m、支洞F长40m,支洞排水纵坡降3‰。2号排水洞设置于滑坡中部,总长480m,起点底板高程290.0m,排水纵坡降0.5‰,共设计4条排水支洞,实际实施2条。排水支洞垂直于主洞,支洞G长30m、支洞H长35m,支洞排水纵坡降3‰。原计划的另两条支洞I与J已取消。排水洞断面采用城门洞型,净断面尺寸为2.40m×2.90m。排水洞位于滑带下方时,拱顶设置上仰排水孔,排水孔与水平方向夹角为50°,单边设置,沿洞轴方向的间隔为1m,孔深3.0～15.0m,造孔孔径91mm,长度根据现场地质情况做适当调整,但必须穿过滑带底面不小于3m。在支洞洞顶垂直于排水洞布置一列排水孔,间距2.0m,长度3.0～15.0m。

1.3.3 藕塘滑坡已有研究结论

三峡地区存在大量潜在滑坡隐患,藕塘滑坡作为大型多层岩质滑坡,研究意义重大。长期以来,众多研究人员从历史成因、形成机制、稳定性评价、监测与治理、位移预测等多个角度对藕塘滑坡进行了广泛和深入的探讨,形成了丰富的研究成果。

藕塘滑坡的历史成因与结构特征较为复杂,通过野外考察和测年分析,研究人员认为藕塘滑坡可划分为3个次级滑体,形成时代各异(代贞伟,2016;匡希彬,2019)。第一级滑体形成于13万～12万年前,第二级滑体形成于6.8万～4.9万年前,第三级滑体形成于4.9万～4.7万年前。每级滑体均有自己相对独立的滑动面(匡希彬,2019)。电子自旋共振试验和现场勘查结果也支持藕塘滑坡由3个次级滑体组成的结论(黄达等,2019)。深部监测数据显示各级滑体位移突变位置与软弱岩层深度一致,说明次级滑体独立沿软弱岩层发生滑动(肖捷夫等,2021)。在空间形态上,滑体在滑动过程中受到稳定山体的阻挡作用,呈现出明显的侧向滑动特征(代贞伟等,2015)。管宏飞(2013)根据滑坡在前缘与岩层层面的关系,将三峡库区顺层岩质滑坡分为3类,其中藕塘滑坡属于Ⅱ类"靠椅状顺层岩质滑坡"。综合各研究成果可以看出,研究人员通过野外考察、室内试验等不同手段确定了藕塘滑坡的三级结构特征以及每个次级滑体的独立性。

在探讨藕塘滑坡的形成机制方面,研究人员从多个角度进行了理论分析和探讨。总体来看,地层组合结构是控制滑坡形成的关键因素(代贞伟,2016),且长江侵蚀和三峡水库蓄水是重要的诱发因素。具体到每级滑体,通过野外考察和理论分析,研究人员认为一级滑体形成机制为拉裂滑移-弯曲-剪断模式,二级滑体为平面滑移模式,三级滑体为滑移-剪断模式(易名龙,1996;杨家岭等,1998;代贞伟,2015)。考虑地震和水阻力影响因素后,陈欢等(2013)也提出一级滑体形成机制为拉裂滑移-弯曲-剪断。

针对藕塘滑坡稳定性评价,研究人员采用了多种研究方法。早在1998年,杨家岭就采用极限平衡法评价了藕塘滑坡的稳定性,认为滑坡处于稳定状态。然而,经过10多年的发展,藕塘滑坡的变形不断增加,整体处于欠稳定状态,水位大涨落和强降雨条件将会进一步降低其稳定性,增加滑坡发生局部或整体失稳的风险(胡致远等,2017;邵晨等,2021)。黄静(2014)利用GeoStudio软件进行的数值模拟结果也显示,随着水位的升高,滑坡的稳定性系数呈现先减小后增大的变化趋势。在利用数值模拟手段分析藕塘滑坡方面,江巍等(2016)采用非连续变形分析法模拟了不同工况下的滑坡响应;Su等(2022)进行了多种条分法的对比计算;代贞伟(2022)研究了水位波动对滑坡渗流场的影响;Zou等(2023)基于滑坡力学模型开展了动态稳定性评价。这些研究有助于深入理解和分析藕塘滑坡的变形机制与过程。综合各研究结果可以看出,藕塘滑坡已经从稳定向不稳定转变,尤其是近年的研究结果一致表明,藕塘滑坡整体稳定性下降。

为了监测和防治藕塘滑坡地质灾害,研究人员采用了不同的研究手段。张付明(2011)通过位移监测、裂缝监测、降雨监测等多种手段动态掌握滑坡变形信息。史绪国(2013)利用卫星SAR数据对2007—2018年滑坡的时空形变进行了遥感分析。肖捷夫等(2021)通过设计物理模型试验研究了滑坡的变形特征和防护措施。Ye等(2022)运用先进的光纤传感系统监测了温度、湿度、应变等多参数信息。可以看出,不同的监测手段为预测和防护藕塘滑坡的变化趋势提供了重要依据。

针对藕塘滑坡位移和变形趋势预测,研究人员主要采用了以下研究方法:Guo等(2020a)基于时间序列分析建立统计模型进行预测;Zhang等(2022)提出集成预测模型,结合多因素预测累积位移;Luo等(2023)通过三维有限元数值模拟评估了新型排水抗滑桩的加固效果。此外,Guo等(2020b)、Liao等(2022)分别采用了神经网络模型和改进的遗传算法,提出了滑坡位移预测模型。这些预测研究为藕塘滑坡的变化趋势分析和灾害预警提供了重要支撑。

综上所述,目前有关藕塘滑坡的研究主要基于该滑坡的早期地质模型,然而通过本研究发现前期提出的地质结构与演化过程存在与实际现象不符之处。通过结合最新的勘察、监测数据与长江河谷地貌演化历史分析,本书建立了更加符合实际情况的藕塘滑坡地质模型与演化模式(详见第2章)。随着对该滑坡内部结构与演化过程认识的更新,有必要在新的结构模型基础上,采用先进的监测技术和多学科综合研究方法,继续深入开展滑坡形成机制、稳定性演化、位移预测等方面的研究,为藕塘滑坡的长期监测与防控提供科学支撑。

1.4 主要研究内容

(1)三峡库区奉节段河谷地貌过程与藕塘滑坡形成演化机制。系统搜集长江三峡地貌过程与藕塘滑坡区域地质背景资料和文献,分析长江三峡奉节段河谷地貌演化过程与区域地质活动之间关系。基于钻探、井探、洞探、槽探、物探等详细的勘察数据,结合多种地质测年技术方法,研究三峡库区奉节段河谷地貌过程与藕塘滑坡的形成和演化的相关性。根据藕塘滑坡全方位三维勘察数据和多层级滑带测年数据,分析藕塘滑坡演化过程中的时空变形破坏特征,提出滑坡与长江地貌过程关联演化模式,查明并解释滑坡地质结构的地学背景,为滑坡稳定性分析与变形预测提供准确的地质模型。

(2)藕塘滑坡岩土体物理力学性质。在前期勘察获取的滑坡岩土体常规物理力学性质参数的基础之上,补充开展干湿循环试验、非饱和试验、环剪试验和蠕变试验等高等土力学试验,进一步分析藕塘滑坡滑带土的特殊物理力学性质。其中,通过开展干湿循环条件下滑带土的直剪试验、扫描电镜与X射线衍射测试,分析滑带土干湿循环劣化过程中的微观结构及矿物化学成分变化;通过全吸力范围土-水特征曲线与抗拉强度测试分析滑带土非饱和状态力学性质;通过环剪试验测试滑带土在大位移状态下的残余强度及其变化规律;通过大尺寸剪切蠕变试验测试滑带土长期强度与持续蠕变性质,为滑坡稳定性分析与变形趋势预测提供基础参数。

(3)藕塘滑坡变形破坏模式与趋势。运用地貌学与工程地质力学理论方法从地质和环境因素两方面进行滑坡成因分析,明确藕塘滑坡多级多期次继承滑动的地质背景和主要影响因素。基于现场地表宏观变形、地表位移、深部位移、降雨量、库水位水文监测等数据,开展滑坡的变形及其影响因素相关性研究,查明藕塘滑坡不同变形区域的变形特征,建立藕塘滑坡变形破坏模式。采用相关理论模型和数值计算方法,分析藕塘滑坡在不同工况条件下的稳定性与变形规律,预测滑坡长期稳定性与变形破坏趋势。

(4)藕塘滑坡长期稳定性与危害性评价。结合滑坡形成演化机制、变形破坏模式研究成果以及最新的变形监测数据,定性评判滑坡的变形演化趋势,确定滑坡当前演化状态,评价滑坡稳定性。基于滑坡岩土体物理力学测试参数,通过有限元与离散元数值模拟方法定量分析藕塘滑坡在降雨、库水位变化以及极端地震条件下的长期稳定性与变形破坏规律。综合分析滑坡地质结构、演化过程、岩土参数、变形监测数据以及稳定性计算结果,开展滑坡危险性分区。针对滑坡最危险区域进一步开展稳定性分析、破坏方式预测与滑动速度计算。基于此,采用数值模拟方法定量计算滑坡运动过程及其造成涌浪的传播过程,最终对滑坡破坏与次生涌浪的危害性进行分析与预测。

(5)特大型水库滑坡防治对策。特大型水库滑坡防控是水库滑坡风险灾害控制的重点与难点。目前三峡库区多个特大型滑坡仍然在发生持续的局部变形,但仍缺乏行之有效的防治对策。深部排水是治理特大型深层水库滑坡的重要技术方向,但排水治理滑坡的方法仍处于探索阶段,应用案例不多,有必要开展系统、深入的研究。本研究以三峡库区藕塘滑坡为典型案例,在确定藕塘滑坡地质结构模型与岩土体物理力学参数的基础上,通过数值模拟方法分析深部排水系统的作用效果,提出排水系统优化设计原则,为特大型滑坡防治方案优化设计提供理论基础。

1.5 研究技术路线

本研究采用工程地质调查、现场试验、室内试验、模型试验、数值模拟等方法,围绕藕塘滑坡防控亟待解决的几个关键性问题,包括藕塘滑坡地质结构模型、藕塘滑坡稳定性与发展趋势以及藕塘滑坡防控关键技术等,开展了以下5个方面的研究工作:①揭示三峡库区河谷地貌过程与藕塘滑坡的形成演化机制;②确定滑坡岩土体物理力学参数;③论证滑坡变形破坏模式,预测滑坡演化趋势;④评价滑坡的长期稳定性与危害性;⑤提出滑坡防治对策。采用的主要技术方法和手段包括以下几个方面:

(1)野外地质调查。系统收集、调查研究区地质背景及地质灾害资料,分析藕塘滑坡成因条件。在此基础上,采用地质调查、测量、钻探、槽探等方法调查研究藕塘滑坡工程地质条件,实测滑坡工程地质剖面图,查明滑坡空间地质结构。

(2)室内试验。采用各类室内测试手段获取滑坡岩土体物理力学性质、滑带土及第四系覆盖层物质年龄。①开展滑坡岩土体室内试验,获取不同岩土层常规物理力学参数,为模型试验与数值模拟提供基础数据;②采用颗粒分析和SEM扫描电镜等方法,开展滑带土初始及剪切后的颗粒级配和微细观结构测试,从微细观结构角度揭示滑带土力学性质变化机理;③采用X射线衍射(XRD)方法测试滑带土矿物组分,对比不同滑带土剪切力学试验结果,分析矿物组分对滑带土力学性质的影响;④采用闭合回路控制环剪仪,开展不同应力环境、剪切速率和含水率条件下的滑带土环剪试验,模拟研究滑坡运动条件下滑带土剪切动力学特性;⑤采用电子自旋共振(ESR)测年试验,测定第四系覆盖层物质和滑坡年龄。

(3)现场多场监测。综合大气降雨、水库水位、地表变形、深部变形、地下水水位形成藕塘滑坡监测大数据库,支撑藕塘滑坡演化机理与演化趋势分析。

(4)数值仿真。采用二次开发的数值分析软件,建立藕塘滑坡岩土体的二维、三维地质力学模型,运用多场耦合分析技术模拟不同工况条件下藕塘滑坡变形破坏特征,分析藕塘滑坡变形破坏模式,确定滑坡演化影响主控因素,同时模拟不同排水洞工况下藕塘滑坡稳定性变化规律,分析排水洞对藕塘滑坡的控制作用。

本研究具体技术路线见图1.5-1。

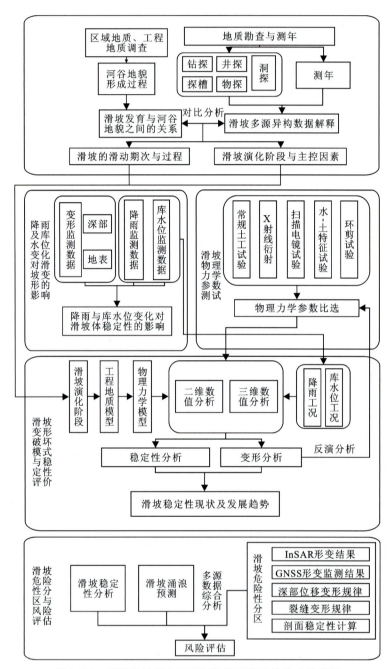

图 1.5-1 藕塘滑坡演化机理与防控研究总体技术路线图

2 河谷地貌过程与滑坡形成演化机制

2.1 长江三峡河谷地貌过程

2.1.1 长江三峡的贯通

位于长江三峡区域的神农架山脉(海拔 3045m)和巫山山脉(海拔 2400m)历史上是连接太平洋水系、古地中海水系及印度-南海水系的关键分水岭。这一带西侧晚侏罗世、白垩纪和新生代地层广泛分布,形成了由昔格达组和元谋组构成的厚层河湖相沉积层。这些沉积物可追溯到百万年前。东流的金沙江携带的冲积物在宜宾附近长江河谷中形成了雅安砾石层,年代属于第四纪中期(沈玉昌,1965 年)。而在三峡地区东侧,与长江穿越三峡地带相关的粗粒洪水冲积扇堆积物位于宜昌东部的虎牙滩,形成时间约为一百万年前。长江三峡的 3 段峡谷均由垂直交叉的灰岩背斜山脉或单侧山系组成,这表明曾发生过河流袭夺事件,使得长江在百万年前得以贯通。

大约 1.35 亿年前,即侏罗纪末期的早燕山运动造就了三峡峡谷和周边的大巴山脉,南边的大娄山与武陵山的交界地及中间的巫山山脉。峡谷区域的西边是古巴蜀湖(现代四川盆地的前身),东边是古云梦泽(今江汉盆地)。峡区两侧的河流,西侧向西流入古巴蜀湖,东侧向东流入古云梦泽,巫山山脉为水系的分界线。随着时间的推移,地形逐渐形成了西高东低的特点,促使江水向东流动。与此同时,随着山地的逐步抬升,古巴蜀湖的水位上升,而古云梦泽的水位则相对下降,沉降中心向东移动,巫山山脉与其间的高差日益扩大。经过一段时间,巫山两侧的河流展开了激烈的"竞争",东侧河流由于较大的地势高差及强烈的向源侵蚀作用,最终穿越巫山,夺取了原本流向古巴蜀湖的河水,实现了两侧河流的贯通(杨达源,2006)。

2.1.2 长江三峡的深切

长江三峡区域的侵蚀过程主要表现在侵蚀三角面的形成、侵蚀峡谷岩壁的塑造及长江三峡深槽的发展。其中,最显著的侵蚀三角面出现在巫山—奉节—云阳一带,平均海拔约为 400m。特别是在瞿塘峡区,侵蚀面呈现壁状结构,从山顶延伸至水下,总高度超过 420m,形成了两面高耸的"墙",中间夹带,犹如风箱,故有"夔门天下雄"的美誉。

在长江三峡河段,共识别出近90个深槽和深潭,这些深槽和深潭的总长度占该河段总长度的45%以上。其中一些深槽的底部深嵌于基岩中,其海拔已低于当前全球海平面。这些深潭的直径从几米到几十米不等,主要是由急流携带的岩石在岩层裂隙交叉点旋转磨蚀形成的。观察这些深槽的形成和填充过程可以发现,距今约3万年前长江上游发生大洪水的时期是长江深切的主要时期,随后经历了间歇性的堆积填充阶段。自葛洲坝建成后,该区域以流沙沉积为主(杨达源,2006)。

关于长江三峡河段的侵蚀速率,根据河流阶地从第一级到第四级的堆积物岩性特征、测年数据及与现代河床同类堆积物的高差,平均侵蚀速率估算为81.1cm/ka。具体来看,奉节瞿塘峡附近的侵蚀速率略高,而在下游的三斗坪地区的侵蚀速率则相对较低(表2.1-1)。这种差异表明,三峡河段的侵蚀和沉积过程受到地理位置和地质结构的显著影响。

表2.1-1 长江三峡典型河段冲洪积物与估算的长江下切速率一览表(据杨达源,2006)

地点		岩性特征	采样点高程/m	河漫滩或砾石滩面高程/m	相对高差/m	年龄测试类型	年龄/ka	估算下切速率/(cm·ka⁻¹)
重庆	广阳坝	河漫滩相	203	178.0	25.0	TL	28.25±2.40	88.3
	广阳坝	河漫滩相	194	178.0	16.0	TL	17.42±1.48	92.4
丰都	镇江镇	冲积砾石	192	135.2	56.8	TL	81.34±6.91	70.1
忠县	水平小区	河漫滩相	148	142.5	5.5	TL	7.22±0.61	78.5
	水平小区	冲积砾石	172	123.0	49.0	TL	61.93±5.26	79.0
奉节	草堂河口	河漫滩相	155	98.7	56.3	TL	75.13±6.39	75.1
	草堂河	河漫滩相	194	98.7	95.3	TL	102.86±8.74	92.5
三斗坪	三斗坪	河漫滩相	75	60	15	¹⁴C	20.210±0.9	74.3
	中堡岛	底部钙华						

注:TL.热释光测年;¹⁴C.¹⁴C测年。

2.1.3 峡谷陡壁的后退

在长江三峡地区,岩壁陡崖按位置可分为水下、水面附近以及岸坡上岩壁陡崖,不同位置的各类岩壁陡崖具有不同的侵蚀和崩塌退后速率。水下岩壁陡崖主要由急流的剧烈侵蚀作用形成,包括急流引起的减压造成张力裂缝和水下崩塌,以及急流的纵向和横向动力冲刷及磨蚀作用。此外,这些岩壁还可能受到江水和地下水的溶解作用,溶解作用使得水下及水面附近岩壁的退后速率相对较大。在三斗坪附近,花岗闪长岩组成的水下深潭岩壁的退后速率估计为40cm/ka。随着长江三峡河段深切的持续,原先的水下岩壁逐渐上升,变为水面附近及岸坡上的岩壁陡崖。岸坡上的岩壁陡崖主要通过减荷张力导致的崩塌退后。通过分析早期崩塌堆积物的时代及这些堆积物与现代崖面的水平距离,可以估算岸坡上岩壁陡崖的退后速率。例如,巫山鸦鹊溪的老滑坡体前缘陡崖退后速率约4cm/ka;而万州铺垭口的红砂岩陡崖的退后速率则介于6.7~19.0cm/ka。这些数据显示,不同材料和不同位置的岩壁陡崖受到自然作用力的影响程度和方式各不相同,这就导致它们的退后速率存在显著差异(杨达源,2006)。

2.1.4 长江三峡河段的河流阶地

在长江三峡河段,河谷阶地主要位于宽谷区域和长江支流的河口部分,这些阶地经常出现在河流的弧形弯曲部分外侧岸边,偶尔也见于内侧岸,如丰都县镇江镇的第二级和第三级阶地就位于长江的内侧弯曲区域。在重庆周边区域,可观察到六级河谷阶地,而沿江向下游至三斗坪地区减少至五级,一般情况下只见到二级和三级阶地。四级阶地主要见于秭归龙江镇、巫山、云阳以及重庆地区。第二级和第三级阶地主要是基座型阶地,分布在云阳以北的宽谷段弯道外侧及支流河口的两岸,极少数位于基岩岛上。从重庆巴南区沿长江向下游至万州,再到湖北巴东官渡口附近直至三斗坪,除中间的峡谷段外,沿江两岸的一级阶地相对较为普遍。根据田陵君等(1996)利用^{14}C和ESR技术进行的年代测定结果,长江三峡从宜昌至重庆段的五级阶地最初形成于早更新世晚期。具体而言,T5级阶地形成于0.81~0.70Ma,T4级阶地形成于中更新世中期的0.54~0.31Ma,T3级阶地形成于晚更新世早期的0.11~0.07Ma,T2级阶地形成于晚更新世晚期的0.031~0.02Ma,而T1级阶地形成于全新世的约0.011Ma。各级阶地的具体分布海拔详见表2.1-2。这些数据为研究长江三峡地区的地貌演化提供了宝贵的时间标尺和地理参考。

表 2.1-2　长江三峡阶地海拔对比表(据田陵君等,1996)　　　　　单位:m

地点	T5	T4	T3	T2	T1
宜昌		130~155	100~120	60~70	50~55
新滩	275	230	170~180	130~140	80~90
巫山	330	250~260	190~220	145~165	115~130
奉节	330	220~230	160~180	130~140	120

长江三峡地貌演化见图2.1-1。

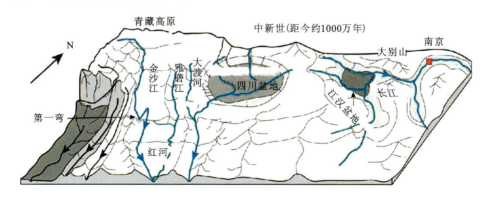

图 2.1-1　长江三峡地貌演化示意图(据张增杰等,2021)

2.2　研究区地质背景与三维地质模型

2.2.1　地层岩性

藕塘滑坡研究区域内出露地层以上三叠统须家河组(T_3xj)、下侏罗统珍珠冲组(J_1z)、中下侏罗统自流井组($J_{1-2}z$)和下侏罗统沙溪庙组(J_2sx)为主,第四系冲积层及冲洪积层大量存在,各地层岩性特征如表 2.2-1 所示。

表 2.2-1　藕塘滑坡区域地层岩性特征表

系	统	地层名称	岩组代号	地层特征	厚度/m
第四系	全新统	冲积层	Qh^{al}	深灰色、褐色,结构较为松散,主要为砂卵石、粉砂、细砂,砂卵石分布在长江河床之上,粉砂和细砂主要分布在河漫滩部位	1～5
		冲洪积层	Qh^{al+pl}	浅灰色、褐色,结构较为松散,由卵石、砾、粉细砂组成。卵石粒径2～15cm,可见于长江岸坡、油坊沟、大沟底部及出口处	1～5

续表 2.2-1

系	统	地层名称	岩组代号	地层特征	厚度/m
侏罗系	中统	沙溪庙组	J_2sx	暗紫色、紫红色泥岩、长石石英砂岩	140～180
	中下统	自流井组第一段	$J_{1-2}z^1$	灰—深灰色页岩、泥质粉砂岩,夹一层厚约1m的钙质介壳粉砂岩	25～40
		自流井组第二段	$J_{1-2}z^2$	灰—灰绿色、紫红色泥岩及灰色泥质粉砂岩、石英砂岩	10～20
		自流井组第三段	$J_{1-2}z^3$	灰—深灰色中厚层石英砂岩及泥岩,富含介壳化石,局部相变为介壳灰岩	50～70
	下统	珍珠冲组	J_1z	以灰色、灰绿色粉砂质泥岩、页岩、泥质粉砂岩为主,下部夹细砂岩,底部出现泥岩夹煤线和菱铁矿条带	185～248
三叠系	上统	须家河组	T_3xj	主要为灰白色厚层中细粒长石岩屑石英砂岩,近底部段夹含砾砂岩,胶结程度较高,砾石成分以黑色硅质岩为主,少量为浅灰色石英岩	130～160

2.2.2 地质构造

滑坡区域位于大巴山弧形构造带与川东-八面山弧形构造带的接合部位,该处为扬子准地台的次级构造单元。在古长江及古金沙江的溯源侵蚀作用下,瞿塘峡贯通后继而形成现代长江,同时产生多级河谷阶地及夷平面。全新世时期,区域地壳出现较大抬升,抬升速率增大,河流下切作用加强,在长江三峡河段形成河谷坡岸,同时形成了较多的三峡段高陡岸坡和多数崩塌、滑坡。

滑坡所在区域内的主要褶皱为故陵向斜,其轴线方向基本平行于滑坡前缘的长江流向,位于江北学堂村—长油房村一线。在风化作用下,两端的褶皱扬起已消失,整体轴线形态向北西方向弓曲,新场附近为北东50°,到达故陵地区时变化为北东70°,至坝上东部变化为东西方向。向斜的两翼岩层产状与构造形式一致。岩体内发育两种裂隙,分别为张性裂隙和扭性裂隙。张性裂隙在南北方向的张应力作用下形成,走向为30°～60°,与岩层走向一致,倾角为55°～75°。扭性裂隙在北西向及北东向剪应力作用下形成,走向为310°～340°,倾角为60°～85°。滑坡所在区域构造概况如图2.2-1所示。

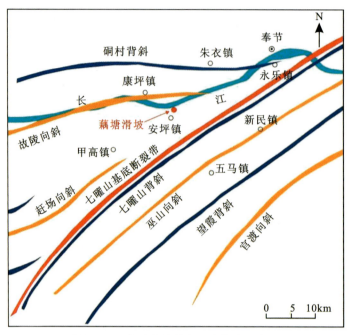

图 2.2-1　藕塘滑坡所在区域构造示意图

2.2.3　水文地质

滑坡位于长江右岸，坡体地表水及坡内地下水的最低排泄基准面为前缘的长江。滑坡东侧的大沟作为坡体上主要的汇水通道排泄地表水和地下水。降雨一部分形成径流，通过冲沟汇集顺势注入长江，另一部分通过坡体裂隙入渗，成为松散岩体内部的孔隙水或以地表径流排泄至下游区域。滑坡体表面发育较多的季节性冲沟，主要存在东部区域和西部区域两个地表水网。西部降水与地表水通过上湾沟、梅子湾沟、田湾沟、竹林沟等地表冲沟汇集于油坊沟顺势注入长江。东部区域则通过石湾沟、煤炭槽桥坝沟、老祠堂沟、孙家沟等地表冲沟汇集于鹅颈项沟，再通过大沟顺势向长江排泄。东部、西部排水沟网基本以狮子包垭口—草屋包—老油坊—中间屋一线为界。

2.2.4　区域三维地质建模

本次研究系统收集了藕塘滑坡所在区域三维建模基础数据，包括地形图数据、区域地质图数据以及区域卫星影像图数据。其中地形图主要为1∶10 000精度的重庆市奉节县安坪乡幅（图幅号：H49G025022）与重庆市奉节县大里坪幅（图幅号：H49G026022），采用1980西安坐标系、1985国家高程基准，由重庆市规划局（现重庆市规划和自然资源局）于2004年航摄，2006年调绘。区域地质图主要为中国地质调查局数据库中的1∶20万H4912幅地质图。卫星影像主要为拍摄于2018年的1∶25 000精度的H49F013011幅、H49F013012幅影像数据。区域范围内地层由新到老主要为中侏罗统沙溪庙组、中侏罗统自流井组、下侏罗统珍珠冲组、上三叠统须家河组。

区域范围为由端点 1(529988.2549,3429426.1445)(1980 西安坐标系,下同)、端点 2(535528.9688,429426.1445)、端点 3(535528.9688,3424379.0186)、端点 4(529988.2549,3424379.0186)构成的矩形区域(图 2.2-2),面积约 28km^2,范围覆盖了藕塘滑坡全部区域、原安坪镇以及滑坡周围长江两岸大部分区域。

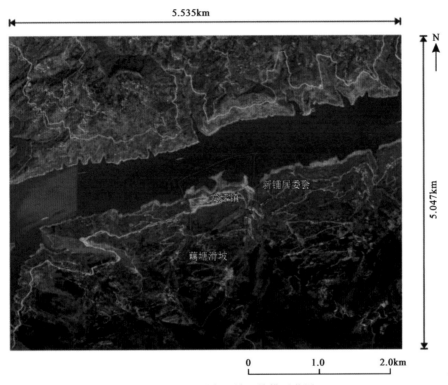

图 2.2-2 研究区域三维模型范围

区域三维地质模型基于离散平滑内插方法(discrete smooth interpolation,DSI)建立,该方法通过具有物体几何和物理特征的相互连接的节点来模拟地质体,可自由选择和自动调整格网模型,并能够处理一些不确定的数据。三维模型可视化建模的主要思想是通过利用各种地质勘测资料,借助 DSI 运算方法将离散数据转化为连续曲面,进而建立地质体的三维模型(图 2.2-3)。

该方法首先通过已收集到的勘测资料进行基础数据分析,提取区域地质模型所需的数据,主要包括地形高程数据、数字影像数据、区域基础地质数据等,通过离散平滑内插方法将离散的点、线地质数据建立成各地质单元层面,结合地形表面形成地层界面模型,最后通过各地层的接触关系建立三维地质实体模型(图 2.2-4),即可进行三维可视化分析。

基于优化后的 1∶10 000 地形图等高线,结合区域卫星影像形成区域数字高程模型及三维地表,如图 2.2-5 和图 2.2-6 所示。

图 2.2-3　DSI 技术路线图

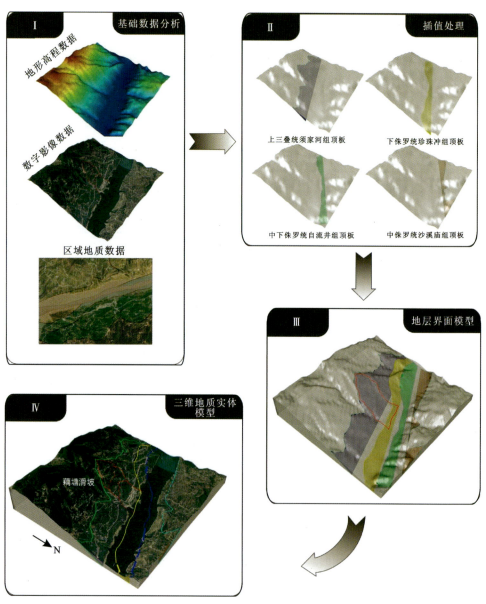

图 2.2-4　DSI 建模过程示意图

2 河谷地貌过程与滑坡形成演化机制

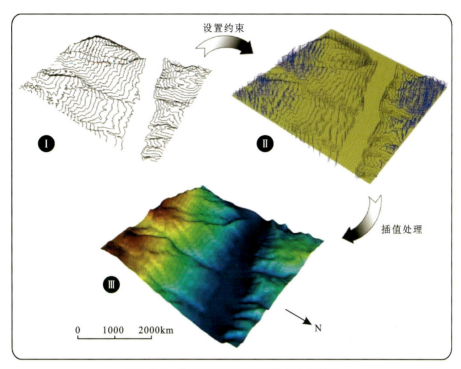

图 2.2-5 藕塘滑坡所在区域数字高程模型

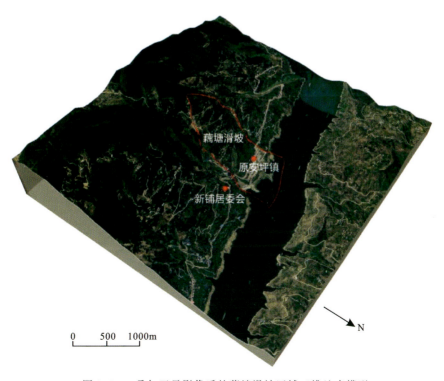

图 2.2-6 叠加卫星影像后的藕塘滑坡区域三维地表模型

结合区域地质图的地质信息、岩层出露情况等形成各地层上下界面,如图 2.2-7 所示。

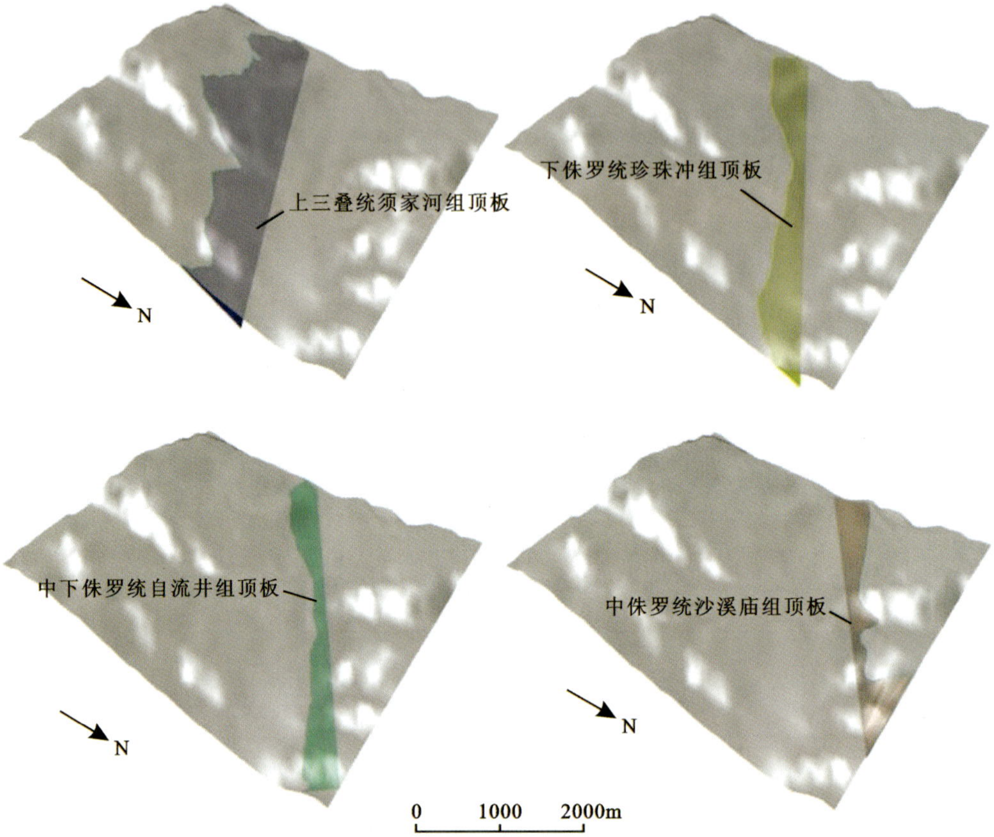

图 2.2-7 藕塘滑坡所在区域主要地层顶板分布

各地层与藕塘滑坡的空间关系如图 2.2-8 所示,滑坡区域主要出露地层以上三叠统须家河组和中下侏罗统自流井组为主,长江作为区域内水位最低排泄面从滑坡前缘与各地层相切而过。

2.2.5 区域三维模型分析

区域的地貌形态整体表现为低山河谷地貌,该处河段属于构造-浅切割河谷坡岸,岩层走向与长江流向夹角约 10°。周边山地高程为 600~1200m,受区域构造及地层岩性等地质条件控制和影响。

从三维模型(图 2.2-9)可以看出,长江河道南岸在故陵向斜的控制下基本呈现单斜顺向坡,岩层倾向与坡面倾向一致,而北岸岩层倾向与坡面相反,且倾角较陡,长江河谷在区域内呈现不对称的"V"字形特征。长江以北坡岸多以中下侏罗统自流井组—中侏罗统沙溪庙组基岩为主,连续且完整,而南侧的坡岸岩性以上三叠统须家河组—下侏罗统珍珠冲组为主,岩体较破碎,连续性较差(图 2.2-10)。

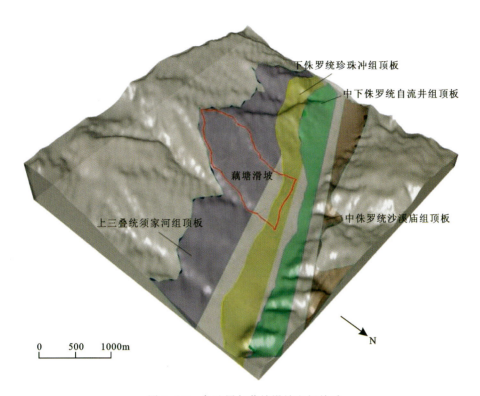

图 2.2-8 各地层与藕塘滑坡空间关系

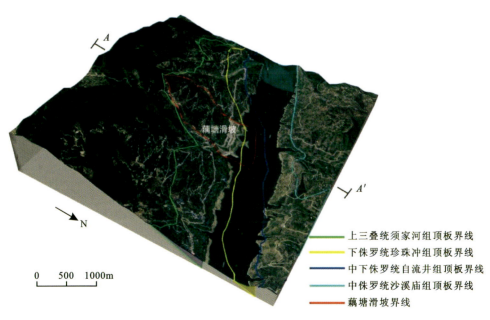

图 2.2-9 藕塘滑坡所在区域三维地质模型

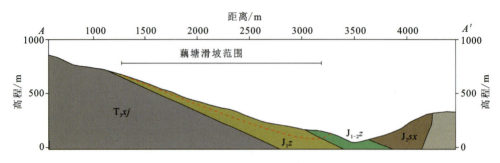

图 2.2-10 藕塘滑坡所在 A-A′ 地质剖面图

长江从故陵向斜的核部穿过,对向斜核部及两翼地区岩层进行持续冲刷,形成了较多的临空地区,为滑坡发生创造了几何条件。因此,故陵向斜北西翼和南东翼呈现顺向岸坡结构,产生了较多的顺层滑坡,如模型区域内藕塘滑坡与新铺滑坡就是较为典型的河流切割诱发的顺层基岩滑坡。

地形整体呈现出南侧高而缓、北侧低而陡的特点,以三角形板状累叠。斜坡顺东西方向延展,倾向长江。整个坡下部较缓,而中上部较陡,145～500m 高程一带为较宽缓的平台,原安坪镇便坐落其上。藕塘滑坡体上也多见宽缓台地,以草屋包、中大塘、老祠堂至油坊沟一带及刘家包一带鹅颈项区域最为典型。而 500m 高程以上多呈近直线形的陡坡。

坡体内部沟谷同样存在"V"字形特征,较为明显的如滑坡东侧的大沟,作为坡体上主要的汇水通道排泄地表水、地下水,其与坡体表面的季节性冲沟石湾沟、煤炭槽桥坝沟、老祠堂沟、孙家沟、鹅颈项沟等构成滑坡区东部区域主要水网。而滑坡西侧降水与地表水通过上湾沟、梅子湾沟、田湾沟、竹林沟等地表冲沟汇集于油坊沟顺势注入长江。

2.3 藕塘滑坡地质结构

2.3.1 早期勘查结论

自 20 世纪 90 年代以来,长江勘测规划设计研究院和重庆市地质矿产勘查开发局南江水文地质工程地质队等多家单位对藕塘滑坡进行了详细勘查。其中,长江勘测规划设计研究院在前期地质工作基础上进行了较为系统的勘查,共布置纵剖面 13 条、横剖面 9 条、钻孔 48 个(滑坡 41 个、后缘变形山体 7 个)、平硐 2 个、竖井 3 个,建立了地面和深部立体监测网络并获得了多年滑坡位移监测数据,在 2012 年提交了勘查报告,指出藕塘滑坡是一个大型顺层基岩滑坡,滑坡平面形态大体呈前宽后窄的古钟状(图 2.3-1)。

滑坡平均地面坡度为 16°,高程 180～220m 发育一宽缓平台(宽 140～240m),安坪镇地处缓平台。滑体前缘高程 90～102m,后缘高程 475m,南北向(从前缘到后缘)长约 1500m,东西宽 830～1170m,面积 $133×10^4 m^2$,一般厚 40～70m,最大厚度 114m,体积约 $6550×10^4 m^3$。滑坡序次如下:①第一序次滑体,面积 $133×10^4 m^2$,体积 $6380×10^4 m^3$;②第

2 河谷地貌过程与滑坡形成演化机制

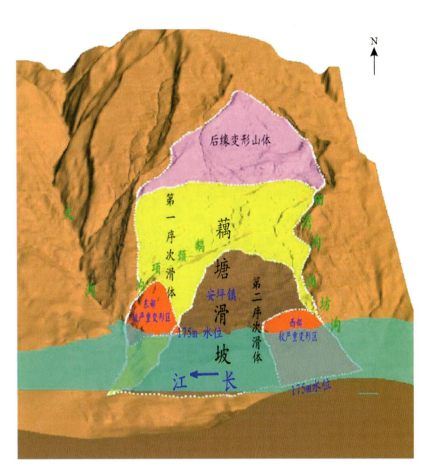

图 2.3-1　藕塘滑坡(原称麻柳坡滑坡)结构形态图(据长江勘测规划设计研究院,2012)

二序次滑体,面积 $63×10^4m^2$,体积 $1550×10^4m^3$;③后缘变形山体,前缘抵第一序次滑坡后缘(高程 475m),后缘高程 705m,南北长 640m,东西宽 580～700m,面积 $0.38km^2$,体积约 $960×10^4m^3$。滑坡体下伏基岩面总体形态西低东高,呈一斜面,斜面总体上迁就于基岩岩层的走向及倾向,西侧缘陡倾。顺坡向上看基岩面具躺椅状特点,前缘顺坡向坡角略带反翘。滑坡体的厚度特点总体上是顺坡方向为坡上薄、坡下厚,顺流向为上游厚、下游薄。后缘变形山体下伏厚 0.5～1.0m 的灰黑色碳质页岩,该层属易滑软层,发生于距今 14.6 万～13.3 万年的藕塘滑坡即沿此层滑动。后缘变形山体也是沿此层的顶部层间剪切带蠕动滑移。

此次勘查揭示了该滑坡是一个多期次继承滑动的复合滑坡。除东西侧局部变形体外,滑体存在深、浅两个滑动面,其中第一序次滑坡是该滑坡的主体,滑坡前部滑动面最深达到 114m。在发生第一序次滑坡之后,滑坡体的中前部发生了滑动面较浅的第二序次滑坡,滑坡前部滑体厚度最大约 56m。后缘变形山体的滑动面与第一序次滑坡一致(图 2.3-2)。

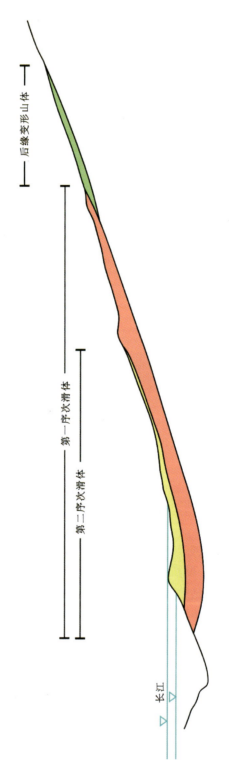

图2.3-2 藕塘滑坡结构典型剖面图

2 河谷地貌过程与滑坡形成演化机制

2013—2014年,南江水文地质工程地质队开展了藕塘滑坡详细勘查工作,共布置纵剖面7条、横剖面6条、钻孔140个、平硐2个、竖井7个、探槽15个,并于2014年9月提交了《重庆市三峡库区后续地质灾害防治工程治理项目奉节县藕塘滑坡详细勘查报告》。该报告进一步深化了对奉节县藕塘滑坡的认识,认定后缘变形山体为第三级滑坡,中国地质科学院探矿工艺研究所建立了并行独立的立体监测系统,验证了该报告的监测结果。报告将藕塘滑坡分为三级(图2.3-3),其中,一级滑坡在平面上呈斜歪倒立的古钟状,主滑方向约345°,后缘处于鹅颈项沟—中间屋一带,高程300～370m,前缘剪出口位于长江145m水位之下,分布高程90～102m。二级滑坡位于藕塘滑坡中部,呈斜歪北东走向的不规则状,主滑方向约345°,前缘超覆于一级滑坡体后缘之上。三级滑坡在平面上也呈斜歪倒立的古钟状,主滑方向约345°,后缘以狮子包垭口为界,分布高程在705m左右;西侧以石湾沟—梅子湾沟左侧岩脊为界,东侧以煤炭槽—太山庙—叫花子湾一线冲沟为界,前缘剪出口在草屋包北东侧台地—老祠堂一带台地—刘家包一带台地,零星可见呈近水平状碎裂岩体或残留岩块,部分超覆于二级滑坡体后缘之上,分布高程400～530m(图2.3-4)。

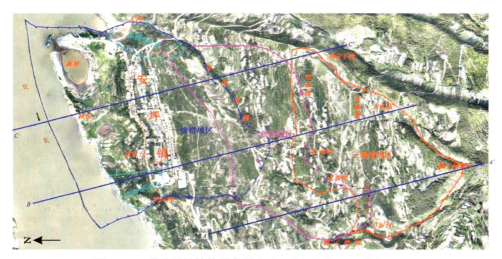

图2.3-3　藕塘滑坡结构形态图(据南江水文地质工程地质队,2014)

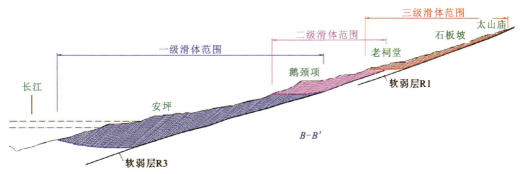

图2.3-4　藕塘滑坡结构典型剖面图(据南江水文地质工程地质队,2014)

该次勘查得出的一个重要结论是明确了藕塘滑坡所发育的珍珠冲组内发育有5层厚度相对较大、分布较连续的控制性软弱夹层,分别命名为R1～R5。该滑坡多级多期次继承滑动的滑动面均受控于这些软弱夹层的空间位置。除对滑坡的地质结构有新的认识外,该次勘查基于滑带的地质测年数据,还提出了关于滑坡多期滑动演化过程的模式。如图2.3-5～图2.3-7所示,一级滑坡体是受控于坡体层间软弱夹层(R3)的拉裂-滑移(弯曲)-剪断模式。二级滑坡体是在一级滑坡滑动后,受控于前缘临空坡体层间软弱夹层(R3)的平面滑移模式。三级滑坡体是在二级滑坡滑移后,受控于坡体层间软弱夹层(R1)的滑移-剪断模式。通过滑带地质测年数据,该次勘查还提出藕塘一级滑坡形成于(130±13)ka,二级滑坡形成于(68±5)～(48±4)ka,三级滑坡形成于(51±5)～(47±4)ka。

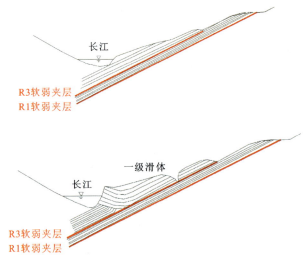

图 2.3-5　藕塘一级滑坡形成模式(据南江水文地质工程地质队,2014)

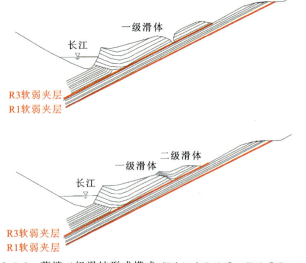

图 2.3-6　藕塘二级滑坡形成模式(据南江水文地质工程地质队,2014)

2 河谷地貌过程与滑坡形成演化机制

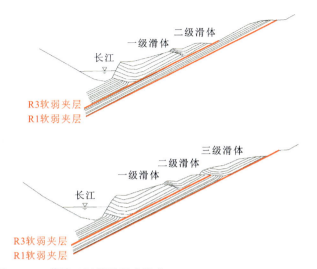

图 2.3-7 藕塘三级滑坡形成模式(据南江水文地质工程地质队,2014)

2.3.2 本次研究现场勘测

1. 三维地表航测与建模

为给藕塘滑坡地质结构、演化过程与稳定性分析提供准确的基础地形地貌数据,本研究开展了藕塘滑坡区域无人机航测三维激光扫描作业(图 2.3-8)。无人机航测三维激光扫描工作采用 DJI 经纬 M300 RTK,同时开展可见光倾斜摄影测量与激光点云测绘工作,测绘区域为长 2500m、宽 1600m 的矩形,总面积 $4km^2$。

无人机倾斜摄影测量技术利用同一飞行平台上搭载的多台传感器,同时从垂直、侧向和前后等角度采集图像,能够比较完整地获取地表侧面纹理信息,再结合现有的、具有协同并行处理能力的倾斜影像数据处理软件,可实现大范围的快速构建地表三维模型。然而,受到日照光线、解算精度以及植被覆盖等因素影响,基于可见光图像的倾斜摄影测量三维建模方法测得的地形精度存在一定的局限性

图 2.3-8 无人机航测正射影像

(图 2.3-9)。为了更加准确地采集藕塘滑坡的精细地形地貌特征,本研究开展了无人机激光雷达(Lidar)测绘。激光雷达是一种通过发射激光并接收反射回来的回波来获取目标三维信息的技术。与其他光谱传感器相比,激光雷达具有高精度、高分辨率、全天候作业、成本低、应用范围广等优点,地形测量精度可达到厘米级别(图 2.3-10)。

图 2.3-9　利用可见光数据重建三维地表模型

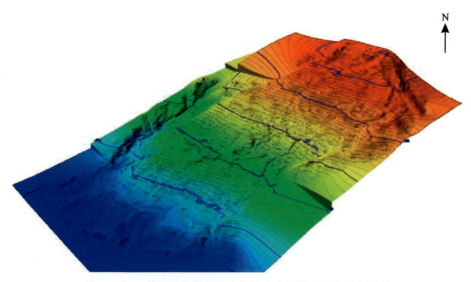

图 2.3-10　利用机载激光雷达数据重建高精度三维地表模型

2. 竖井开挖与取样

竖井位于藕塘滑坡鹅颈项(图 2.3-11),即藕塘滑坡一级滑体后缘与二级滑坡交界部位 1#排水洞与 2#排水洞之间。竖井井口高程为 310m,鹅颈项台地位于二级滑坡前缘,高程 280～320m。该位置地势平缓,坡面多见小卵石(图 2.3-12),为冲洪积堆积物,呈陡坎状,岩层近水平。堆积物下部为卵石(图 2.3-13)、砾石夹黄色黏土,卵石磨圆度较好,物质组成单一,局部有碎石,卵石间填充黏土物质。

图 2.3-11 竖井布置图

在井壁上每隔 0.25m 选择合适位置将不锈钢薄钢管打入土中取出样品(图 2.3-13),以用于光释光(OSL)法测年。在井壁周围挖出一些样品,用白色塑料袋包裹用于颗分试验(图 2.3-14)。完成取样后进行支护浇筑工作并进行下一米的开挖工作,之后每米都按照如此过程进行取样,每米取 4 个样。竖井在开挖过程中会挖出大型块状土样,选择满足规格要求的土样用透明胶布严密包裹,尽量保持土的原状,用于开展力学试验。

竖井开挖自上而下揭露岩土层信息如下:

(1)0～1.2m。耕植土见于表层 0.4m,下为块石土夹卵石,卵石含量较多,占比 10%～20%,粒径 2～5cm。多见黑褐色大块石,粒径 5～20cm。

(2)1.2～2.4m。灰色块石土夹卵石,见大量块石,含量 40%～60%,粒径 2～10cm。卵石粒径较小,一般为 2～5cm,多呈灰色。

(3)2.4～3.6m。灰色块石土消失,转为黄褐色块石土夹卵石,块石含量降低,粒径增大。卵石少见,且卵石粒径减小,多为 2～5cm。

(4)3.6～4.8m。块石土夹卵石,局部见大量块石,含量 20%～40%,粒径 5～20cm。卵石占比 5%～10%,粒径 2～3cm。

图 2.3-12 鹅颈项表层堆积卵石层

图 2.3-13 竖井内揭露大尺寸卵石照片

(5)4.8~6m。块石土夹卵石,块石减少,含量 10%~15%,粒径 5~15cm。卵石占比约 5%,粒径小于 5cm,且分布不均。上部块石较多,泥量增加,黏土较多。

2 河谷地貌过程与滑坡形成演化机制

图 2.3-14　取样照片

(6)6～7.2m。块石土夹卵石,块石含量 40%～60%,粒径 15～30cm,其中 20cm 左右粒径块石占比 30%左右,卵石占比 5%～10%,卵石粒径约 5cm,取样困难。

(7)7.2～8.4m。碎块石土夹卵石,卵石粒径 2～15cm,总体含量 5%～10%。其中 2～5cm 粒径的卵石占比约 5%,5～20cm 粒径的块石含量 30%～40%。

(8)8.4～9.6m。粉质黏土夹碎块石,黄褐色,稍密,稍湿,主要由砂岩、卵石、黏土岩块碎石夹黏土组成。黏土呈可塑—硬塑状。块石粒径 10～500mm,呈棱角—次棱角状,含量约 60%。卵石粒径 5～50mm,磨圆度较好,含量约 10%。

(9)9.6～10.8m。粉质黏土夹碎块石,黄褐色,稍湿,主要由砂岩、卵石、黏土岩块碎石夹黏土组成。黏土呈可塑—硬塑状。块石粒径 50～500mm,呈棱角状,含量约 65%。卵石粒径 5～80mm,磨圆度较好,卵石含量约 10%。井壁东侧碎石土中卵石含量多于西侧,约占 15%,粒径 5～80mm,磨圆度好,呈东南方向定向排列。块石含量约 30%,粒径 50～300mm。井壁西侧未见卵石,以大块碎石为主,含量为 65%,粒径 200～500mm,定向分布不明显,其余为粉质黏土。

(10)10.8～12.5m。块石粒径 50～500mm,呈棱角状。卵石粒径 5～80mm,磨圆度较好。黏土呈可塑—硬塑状。块石含量约 65%,卵石含量约 10%。井壁东侧碎石土中卵石含量多于西侧,约占 15%,粒径 5～80mm,磨圆度好,呈东南方向定向排列。块石含量约 18%,粒径 50～300mm。井壁西侧未见卵石,以大块碎石为主,含量为 65%,粒径 200～500mm,定向分布不明显,其余为粉质黏土。

3. 钻孔与取样

为进一步查明藕塘滑坡地质结构,新增了 3 个钻孔,3 个钻孔具体位置见图 2.3-15。新增钻孔 1 位于上大塘一带,设计深度为 40m,目的是揭露滑坡后部滑体厚度及滑动面位置。新增钻孔 2 位于二级滑坡前缘西侧中间屋一带,设计深度为 80m,目的是揭露滑坡西侧冲沟原始沟床位置,采集滑坡堆积物及软弱夹层样品并测定冲沟覆盖层形成的年龄与西

· 31 ·

侧基岩暴露年龄对比。新增钻孔 3 位于鹅颈项一带,设计深度为 80m,目的是对鹅颈项每米堆积物进行取样,并测定其形成年龄,判定鹅颈项物质堆积地质年代。

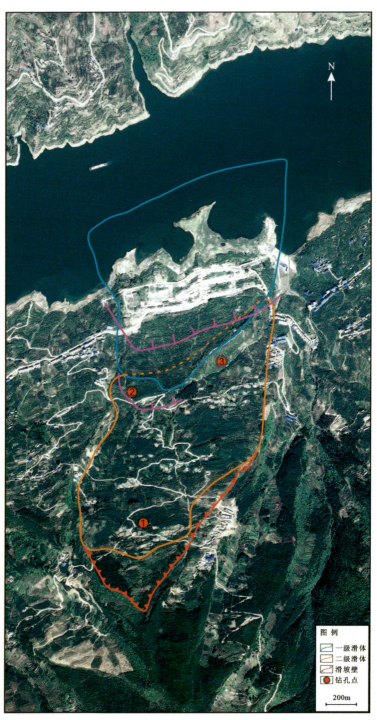

图 2.3-15 新增的 3 个钻孔取样点

1)钻孔 1 岩芯描述

(1)0~6.1m。灰色黏性土夹碎石及碎裂岩体,推测为第四纪沉积物及滑坡堆积物。

(2)6.1~7.1m。灰黑色黏土岩夹碎石,碎石呈次棱角状,揉搓现象明显。

(3)7.1~10.8m。灰色黏土夹碎块石,局部有砂感,未见 R1 软弱层的标志性特征煤线与页岩层,因此根据钻孔岩性及颜色与揉搓现象推测此段为 R3 软弱层。

(4)10.8~15.3m。灰白色砂岩,岩芯较完整,推测为滑体。

(5)15.3~17m。灰黑色黏土岩夹碎块石,揉搓现象明显,根据其与上一个软弱夹层 R3 的深度约 9m 的位置与岩性推测此段为 R2 软弱层。

(6)17~41m。灰白色砂岩,岩芯较完整。

2)钻孔 2 岩芯描述

(1)0~9.5m。灰褐色、灰黄色粉质黏土夹块石,推测为第四纪沉积物及滑坡堆积物。

(2)9.5~36.40m。灰白色砂岩碎裂岩体,局部出现灰褐色、灰黄色黏性土夹砂岩碎石,局部黏土岩泥化现象明显。

(3)36.40~37.00m。灰黑色黏土夹碎块石,黏土揉搓有砂感。

(4)37.00~45.60m。砂岩碎裂岩体,岩芯较破碎。

(5)45.60~47.00m。灰黑—黑色砂质黏土岩夹碎块石,黏土揉搓有砂感。

(6)47.00~50.50m。灰白色砂岩碎块石。

(7)50.50~57.3m。灰黑—黑色黏土岩夹碎块石,揉搓现象明显,根据岩性与层位埋深推测其为 R3 软弱层。

(8)57.30~66.60m。灰白色砂岩,较完整。

(9)66.60~72.00m。灰黑—黑色黏土岩夹碎块石,与砂岩互层,含碳质,染手,根据岩性与层位的深度推测其为 R2 软弱层。

(10)72.00~80.00m。灰黑—黑色碳质砂岩,岩芯较完整。

3)钻孔 3 岩芯描述

(1)0~13.50m。灰褐—黄褐色粉质黏土夹碎块石,孔深 6.6m 局部出现磨圆度较好的卵石和碎石。

(2)13.50~26.50m。灰色砂岩碎裂岩体,局部较破碎。

(3)26.50~27.80m。红褐色、灰白色泥岩,局部泥化现象显著,根据岩性及层位埋深推测其可能为 R4 软弱层。

(4)27.80~37.50m。灰—灰白色砂岩碎裂岩体。

(5)37.50~45.00m。灰黑色黏土岩夹碎块石,碾磨强烈,有磨圆度较好,揉搓现象明显,根据岩性与层位埋深推测其为 R3 软弱层。

(6)45.00~54.00m。深灰色砂岩,上部较完整,下部出现机械破碎强烈的碎块石,断面可见镜面擦痕。

(7)54.00~57.20m。深灰—灰黑色碎石夹黏土,含碳质,有腻感,根据岩性与层位深推测其为 R2 软弱层。

(8)57.20~80.00m。灰—深灰色砂岩,局部含碳质砂岩,岩芯较完整。

2.3.3 地球物理勘探

1. 高密度电阻率法

采用高密度电阻率法对排水洞周边的地层电性进行探测,得到了研究区二维地电分布。将二维地电分布与现场钻探验证结果相结合,分析滑坡的地质结构。滑坡测线布置见图 2.3-16。

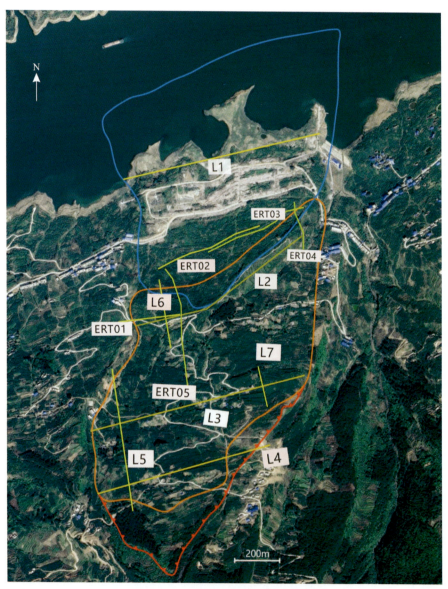

图 2.3-16 藕塘滑坡测线位置分布图

1)ERT01 测线探测成果

根据测线 ERT01 探测结果(图 2.3-17),测区大致可分为两个电性层:第一层反演电阻率一般在 100Ω·m 以下,结合钻孔及地质资料解释为粉质黏土夹块石;第二层结合钻孔及地质资料解释为破碎岩体,其中测线 140～190m 段存在局部电阻率相对较低的区域,推测为局部裂隙发育区域,而测线 32～36m 段存在一电性分界面(图 2.3-17 中红色虚线),结合钻孔及地质资料解释推测为滑带形成的隔水层导致分界面上、下含水率产生差异。

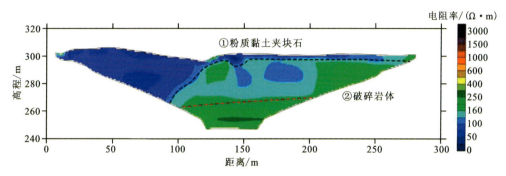

图 2.3-17 藕塘滑坡 ERT01 测线探测成果图

2)ERT02 测线探测成果

根据测线 ERT-2 探测结果(图 2.3-18),测区大致可分为两个电性层:第一层底板电阻率值变化较大,结合钻孔及地质资料解释为粉质黏土夹块石;第二层结合钻孔及地质资料解释为破碎岩体,其中存在一电性分界面(图 2.3-18 中红色虚线),电阻率由其上的约 140Ω·m 增大到其下的 300Ω·m,推测为滑带形成的隔水层导致分界面上、下含水率产生差异。

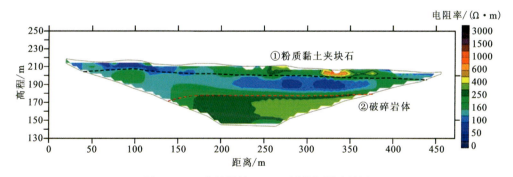

图 2.3-18 藕塘滑坡 ERT02 测线探测成果图

3)ERT03 测线探测成果

根据测线 ERT03 探测结果(图 2.3-19),测区大致可分为 3 个电性层:第一层电阻率值变化较大,结合钻孔及地质资料解释为粉质黏土夹块石;第二层结合钻孔及地质资料解释为破碎岩体,其中存在一电性分界面(图 2.3-19 中红色虚线),电阻率增大,推测为滑带形成的隔水层导致分界面上、下含水率产生差异;第三层结合钻孔及地质资料解释为完整砂岩。

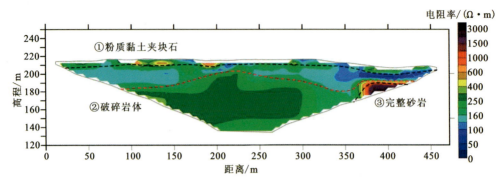

图 2.3-19　藕塘滑坡 ERT03 测线探测成果图

4）ERT04 测线探测成果

根据测线 ERT04 探测结果（图 2.3020），测区大致可分为 3 个电性层：第一层电阻率值变化较大，推断可能为地表不均匀性以及局部人工设施所致，结合钻孔及地质资料解释为粉质黏土夹块石；第二层结合钻孔及地质资料解释为破碎岩体，其中存在两个电性分界面（图 2.3-20 中红色虚线），推测为一级以及二级滑坡滑带形成的隔水层导致分界面上、下含水率产生差异；第三层结合钻孔及地质资料解释为完整砂岩。

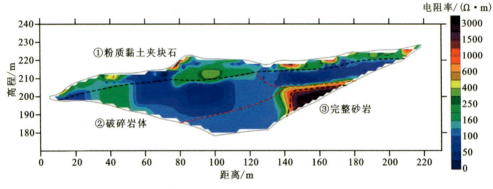

图 2.3-20　藕塘滑坡 ERT04 测线探测成果图

5）ERT05 测线探测成果

根据测线 ERT05 探测结果（图 2.3-21），测区大致可分为 3 个电性层：第一层结合钻孔及地质资料解释为粉质黏土夹块石；第二层深度在 10m 以下，结合钻孔及地质资料解释为破碎岩体，其中存在两个电性分界面（图 2.3-21 中红色虚线），推测为一级以及二级滑坡滑带形成的隔水层导致分界面上、下含水率产生差异；第三层结合钻孔及地质资料解释为完整砂岩。

6）L1 测线探测成果

根据测线 L1 探测结果（图 2.3-22），测区大致可分为 3 个电性层：第一层为厚度 10m 左右的第四系覆盖层，多由黏土、碎石、砂岩组成，结构松散；第二层为厚度约 40m 的强风化碎裂岩层；第三层为中风化层，多由粉细砂岩组成，表现为相对高阻。反演结果显示的强风化碎裂岩体厚度较大，但依然表现出中风化层顶界面埋深逐渐变浅的趋势。

2 河谷地貌过程与滑坡形成演化机制

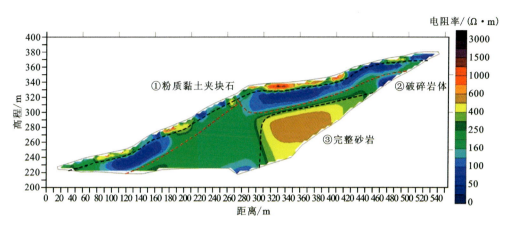

图 2.3-21　藕塘滑坡 ERT-5 测线探测成果图

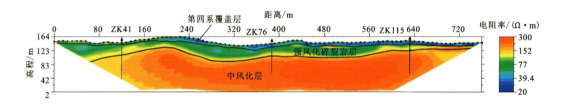

图 2.3-22　藕塘滑坡 L1 测线探测成果图

7）L2 测线探测成果

测线 L2 的探测结果反映测区地层成层性较为明显（图 2.3-23），可大致将地层分为第四系覆盖层、强风化碎裂岩层和中风化层 3 个部分。在测线 136m 处存在明显的高阻区域，分析其原因可能是该区域破碎岩体裸露，而非素填土或第四系残坡积物。

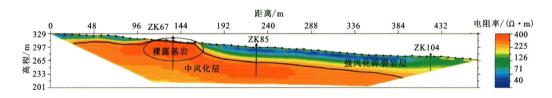

图 2.3-23　藕塘滑坡 L2 测线探测成果图

8）L3 测线探测成果

测线 L3 的探测结果反映测区中部深度均存在大量相对富水的低阻区（图 2.3-24），中部深度岩体较为破碎，相对富水，初步推测其为相对稳定状态的滑体。经过现场调查也可以初步推断测线 450m 处附近地层较为稳定，而两侧地层有滑动痕迹。

9）L4 测线探测成果

测线 L4 的探测结果反映测区地层成层性不明显（图 2.3-25），地层结构相对复杂。自

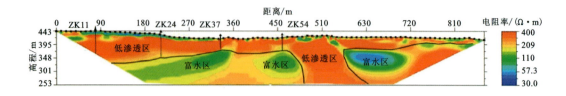

图 2.3-24 藕塘滑坡 L3 测线探测成果图

西向东第四系覆盖层逐渐变薄。通过现场调查和调研了解到测线 650～750m 段有民宅，反演结果显示该地区浅部为中风化基岩，但深部砂岩比较破碎，具有较强的渗透性，稳定性较差。

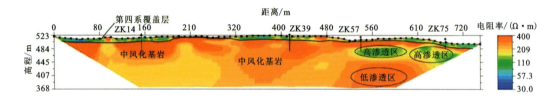

图 2.3-25 藕塘滑坡 L4 测线探测成果图

10）L5 测线探测成果

测线 L5 的反演结果反映测线 96～240m 段的斜坡下部基岩不完整（图 2.3-26），中间深度存在相对富水的连续低阻带，初步推断该处山体可能曾经出现过滑移现象，或存在滑动的风险，为潜在的滑动面；测线 204～504m 段下部地层成层性较好，地层结构相对简单。

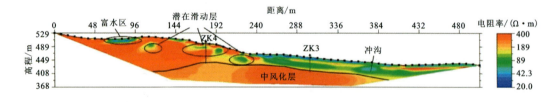

图 2.3-26 藕塘滑坡 L5 测线探测成果图

11）L6 测线探测成果

测线 L6 的反演结果显示该测线下方地层结构复杂，较为破碎（图 2.3-27），多处存在互层的黏性土夹砂岩碎石和碎裂岩体。斜坡上岩体比较破碎，呈分散独立的块状，测线中部深度存在连续的低阻带，特别是 195m 附近存在明显的富水区。

12）L7 测线探测成果

测线 L7 的反演结果显示该测线下方岩层破碎，存在多处低阻异常体，特别是测线 40～60m 段范围内有明显相对富水的低阻区（图 2.3-28）。由于 L7 测线与 L3 测线相交，对比两条测线反演结果可知，该区域下方的确存在明显的低阻异常，而非测量产生的假异常。

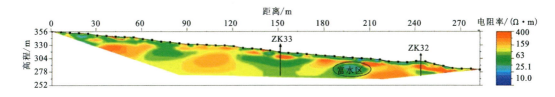

图 2.3-27　藕塘滑坡 L6 测线探测成果图

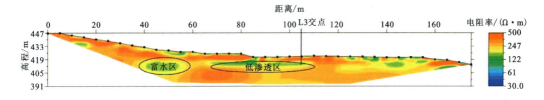

图 2.3-28　藕塘滑坡 L7 测线探测成果图

2. 核磁共振法

为查明研究区地下水分布规律,采用地面核磁共振法开展研究区地下水分布探测,共布设了 20 个测点(图 2.3-29)。通过数据处理与反演分析获得各测点地下垂向不同深度的体积含水率。

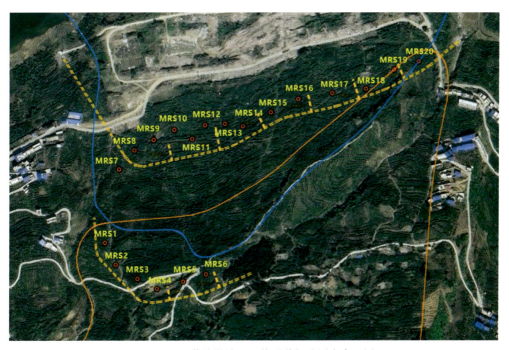

图 2.3-29　藕塘滑坡地面核磁共振法测点布置图

(1)MRS1 测点地下含水率可分为 2 层(图 2.3-30):第一层含水率在 17m 深度处达到最大,约 19%,结合附近钻孔资料推测为以滑带为隔水层造成上部地下水聚集;第二层含水率最大约 32%,推测为基岩面上部的地下水聚集。

(2)MRS2 测点地下含水率大致可分为 3 层(图 2.3-31):第一层含水率在 7m 处达到最大,约 8%,推测为地表覆盖层中降雨入渗的结果;第二层含水率在 28m 处达到最大,约 22%,结合附近钻孔资料推测为 32m 深度以滑带为隔水层造成上部地下水聚集;第三层含水率最大约 22%,推测为基岩面上部的地下水聚集。

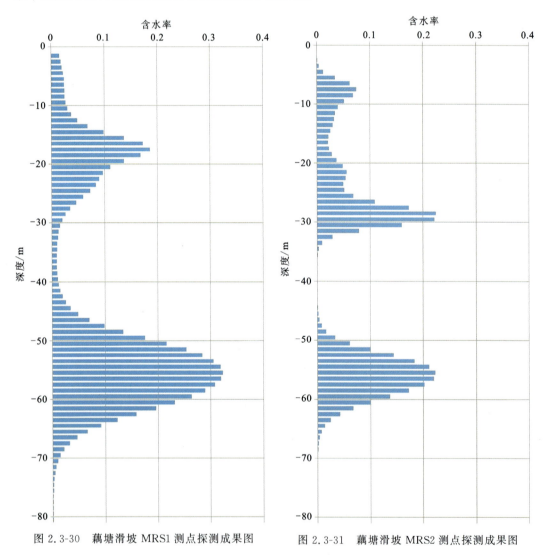

图 2.3-30　藕塘滑坡 MRS1 测点探测成果图　　图 2.3-31　藕塘滑坡 MRS2 测点探测成果图

(3)MRS3 测点地下含水率大致可分为 4 层(图 2.3-32):第一层含水率在 3% 左右,推测为地表覆盖层中降雨入渗的结果;第二层含水率在 5% 左右;第三层含水率最大约 7.5%,结合附近钻孔资料推测为以滑带为隔水层所致;第四层含水率最大约 16%,推测为基岩面上部的地下水聚集。

（4）MRS4测点地下含水率大致可分为4层（图2.3-33）：第一层含水率在3%左右，推测为地表覆盖层中降雨入渗的结果；第二层含水率在17m深度处达到最大，在5%左右，结合附近钻孔资料推测为约20m深度处存在一黏性土夹砂岩碎石层；第三层含水率最大约7.5%，结合附近钻孔资料推测为以滑带为隔水层所致；第四层含水率最大约16%，推测为基岩面上部的地下水聚集。

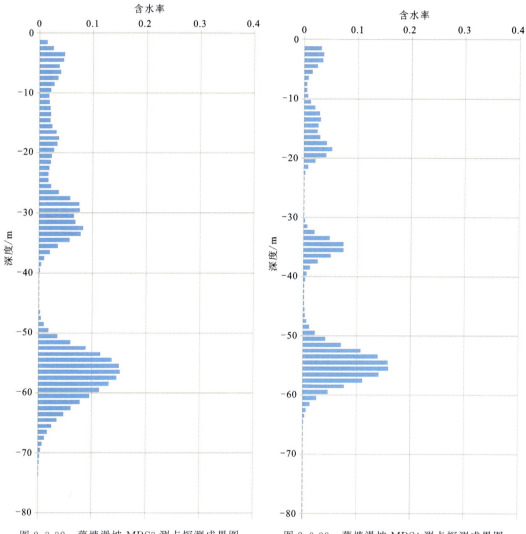

图2.3-32　藕塘滑坡MRS3测点探测成果图　　图2.3-33　藕塘滑坡MRS4测点探测成果图

（5）MRS5测点地下含水率大致可分为4层（图2.3-34）：第一层含水率在7%左右，推测为地表覆盖层中降雨入渗的结果；第二层含水率在5%左右，结合附近钻孔资料推测为约20m深度处存在一黏性土夹砂岩碎石层；第三层含水率最大约10%；第四层含水率最大约14%，推测为基岩面上部的地下水聚集。

（6）MRS6测点地下含水率大致可分为4层（图2.3-35）：第一层含水率在11%左右，推测为地表覆盖层中降雨入渗的结果;第二层含水率在5%左右,结合附近钻孔资料推测为约20m深度处存在一黏性土夹砂岩碎石层;第三层含水率最大约19%,结合附近钻孔资料推测为以滑带为隔水层所致;第四层含水率最大约16%,推测为基岩面上部的地下水聚集。

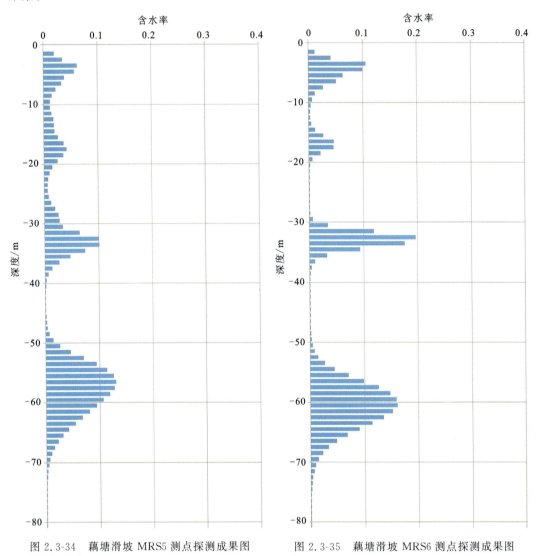

图 2.3-34 藕塘滑坡 MRS5 测点探测成果图　　　图 2.3-35 藕塘滑坡 MRS6 测点探测成果图

(7)MRS7 测点地下含水率大致可分为4层(图 2.3-36):第一层含水率在7%左右,推测为地表覆盖层中降雨入渗的结果;第二层含水率在19%左右,结合附近钻孔资料推测为约15m深度处存在一黏性土夹砂岩碎石层,该层作为隔水层造成上部地下水聚集;第三层含水率最大约8%;第四层含水率最大约29%,推测为基岩面上部的地下水聚集。

(8)MRS8 测点地下含水率大致可分为4层(图 2.3-37):第一层含水率为16%左右,推测为地表覆盖层中降雨入渗的结果;第二层含水率在29%左右,结合附近钻孔资料推测为约15m深度处存在一黏性土夹砂岩碎石层,该层作为隔水层造成上部地下水聚集;第三层含水率最大约20%,推测为以滑带为隔水层所致;第四层含水率最大约29%,推测为基岩面上部的地下水聚集。

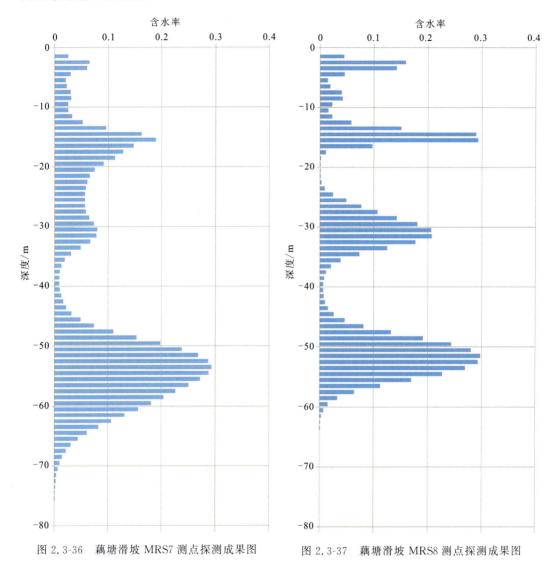

图2.3-36　藕塘滑坡MRS7测点探测成果图　　　图2.3-37　藕塘滑坡MRS8测点探测成果图

(9)MRS9测点地下含水率大致可分为4层(图2.3-38):第一层含水率在7%左右,推测为地表覆盖层中降雨入渗的结果;第二层含水率在12%左右,结合附近钻孔资料推测为约20m深度处存在一黏性土夹砂岩碎石层;第三层含水率最大约10%,结合附近钻孔资料推测为以滑带为隔水层所致;第四层含水率最大约16%,推测为基岩面上部的地下水聚集。

(10)MRS10测点地下含水率大致可分为3层(图2.3-39):第一层含水率最大可达17%左右,结合附近钻孔资料推测为约15m深度处存在一黏性土夹砂岩碎石层,该层作为隔水层造成上部地下水聚集;第二层含水率最大约18%,推测为以滑带为隔水层所致;第三层含水率最大约26%,推测为基岩面上部的地下水聚集。

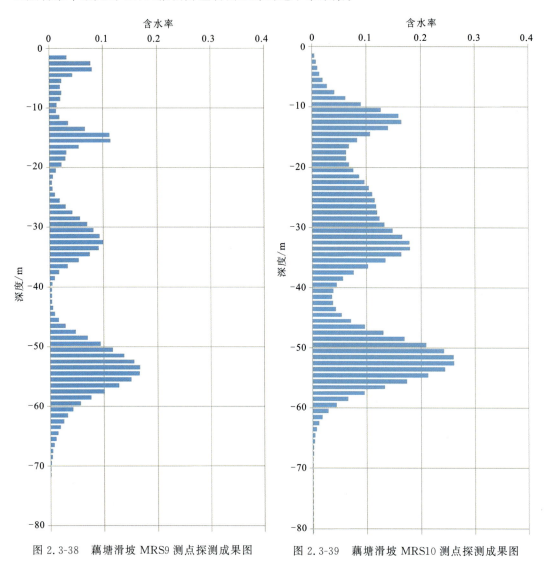

图 2.3-38　藕塘滑坡 MRS9 测点探测成果图　　图 2.3-39　藕塘滑坡 MRS10 测点探测成果图

(11) MRS11 测点地下含水率大致可分为3层(图2.3-40):第一层含水率最大可达9%左右;第二层含水率最大约9%,推测为以滑带为隔水层所致;第三层含水率最大约16%,推测为基岩面上部的地下水聚集。

(12) MRS12 测点地下含水率大致可分为2层(图2.3-41):第一层含水率在12m深度处达到最大,约15%,推测为以滑带为隔水层造成上部地下水聚集;第二层含水率最大约4%,推测为基岩面上部的地下水聚集。

(13) MRS13 测点地下含水率大致可分为2层(图2.3-42):第一层含水率在12m深度处达到最大,约9%,推测为以滑带为隔水层造成上部地下水聚集;第二层含水率最大约

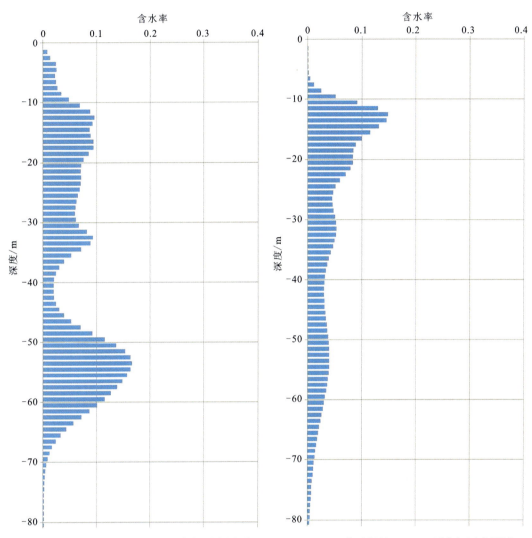

图 2.3-40　藕塘滑坡 MRS11 测点探测成果图　　图 2.3-41　藕塘滑坡 MRS12 测点探测成果图

6%,推测为基岩面上部的地下水聚集。

(14) MRS14 测点地下含水率大致可分为 2 层(图 2.3-43):第一层深含水率在 12m 深度处达到最大,约 9%,结合钻孔资料推测,约 13m 深度处存在黏性土夹砂岩层,黏土含量约 20%,因此造成含水率相对降低;第二层含水率最大约 7%,推测为以滑带为隔水层造成上部地下水聚集。

(15) MRS15 测点地下含水率大致可分为 3 层(图 2.3-44):第一层含水率在 15% 左右,推测为地表覆盖层中降雨入渗的结果,结合资料推测约 21m 深度处存在一滑带,滑带作为隔水层造成上部地下水聚集;第二层含水率最大约 10%,推测为岩体破碎程度较大区域;第三层含水率最大约 8%,推测为基岩裂隙水。

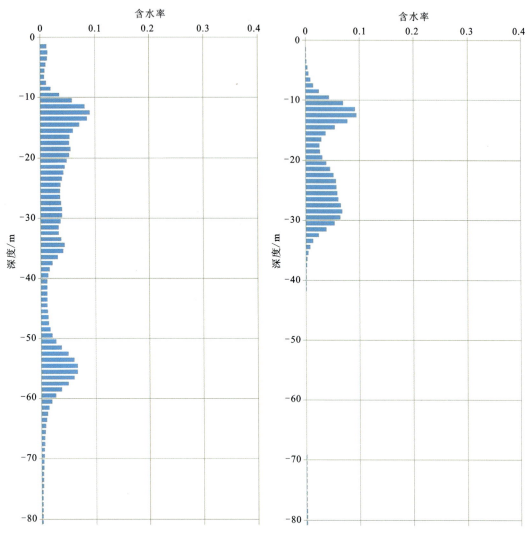

图 2.3-42　藕塘滑坡 MRS13 测点探测成果图　　图 2.3-43　藕塘滑坡 MRS14 测点探测成果图

(16)MRS16 测点地下含水率大致可分为 3 层(图 2.3-45)：第一层含水率在 7％左右，由于该测点在测量前 12h 有暴雨过程，推测为地表覆盖层中降雨入渗的结果，而结合高密度电阻率法资料推测，约 17m 深度处存在滑带，滑带作为隔水层造成上部地下水聚集；第二层含水率最大约 10％，推测为岩体破碎程度较大区域；第三层含水率最大约 2％，推测为基岩裂隙水。

(17)MRS17 测点地下含水率大致可分为 3 层(图 2.3-46)：第一层含水率在 8％左右，由于该测点在测量前 12h 有暴雨过程，推测为地表覆盖层中降雨入渗的结果，而结合高密度电阻率法资料推测约 20m 深度处存在一滑带，滑带作为隔水层造成上部地下水聚集；第二层含水率最大约 10％，推测为岩体破碎程度较大区域；第三层含水率最大约 5％，推测为基岩裂隙水。

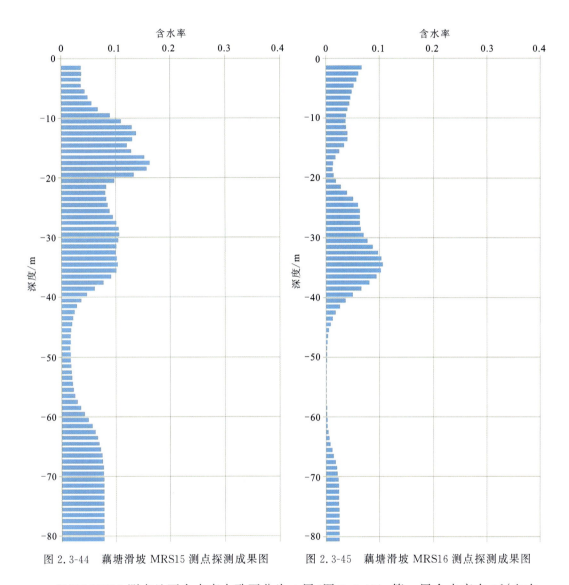

图 2.3-44　藕塘滑坡 MRS15 测点探测成果图　　图 2.3-45　藕塘滑坡 MRS16 测点探测成果图

(18) MRS18 测点地下含水率大致可分为 4 层(图 2.3-47)：第一层含水率在 5% 左右，推测为地表覆盖层中降雨入渗的结果；第二层含水率在 17% 左右，结合附近钻孔资料及高密度电阻率法探测结果推测约 20m 深度处存在一黏性土夹砂岩碎石层，该层作为隔水层造成上部地下水聚集；第三层含水率最大约 20%，推测为以滑带为隔水层所致；第四层含水率最大约 10%，推测为基岩中的裂隙水。

(19) MRS19 测点地下含水率大致可分为 4 层(图 2.3-48)：第一层含水率在 12% 左右，结合高密度电阻率法探测结果推测为以约 17m 深度处存在浅层滑带，滑带作为隔水层造成上部地下水聚集；第二层含水率最大约 8%；第三层含水率最大约 6%，推测为基岩面上部的地下水聚集；第四层含水率最大约 4%，推测为基岩中的裂隙水。

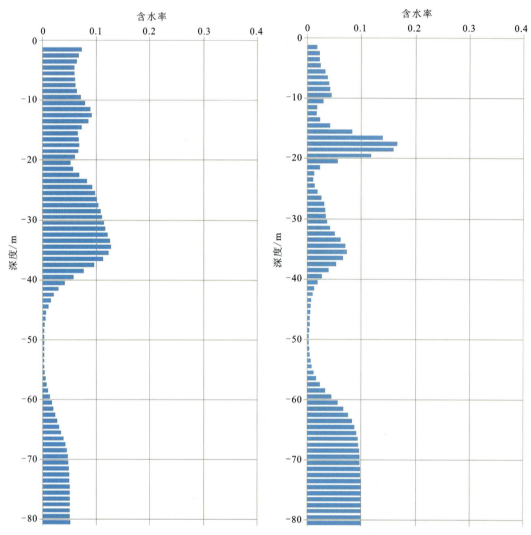

图 2.3-46 藕塘滑坡 MRS17 测点探测成果图　　图 2.3-47 藕塘滑坡 MRS18 测点探测成果图

(20)MRS20 测点地下含水率大致可分为 4 层(图 2.3-49):第一层含水率在 7%左右,结合高密度电阻率法探测结果推测约 17m 深度处存在一浅层滑带,滑带作为隔水层造成上部地下水聚集;第二层含水率最大约 8%,推测为深层滑带形成的隔水层所致;第三层含水率最大约 18%,推测为基岩面上部的地下水聚集;第四层含水率最大约 6%,推测为基岩中的裂隙水。

3. 自由电场法

采用自由电场法在 1♯排水洞周边区域开展电位测量(图 2.3-50),相应的探测成果如图 2.3-51 所示。从图 2.3-51 中可见,该区域电位在 −50～+10mV 区间变化,总体呈现西侧电位高、东侧电位低的趋势。

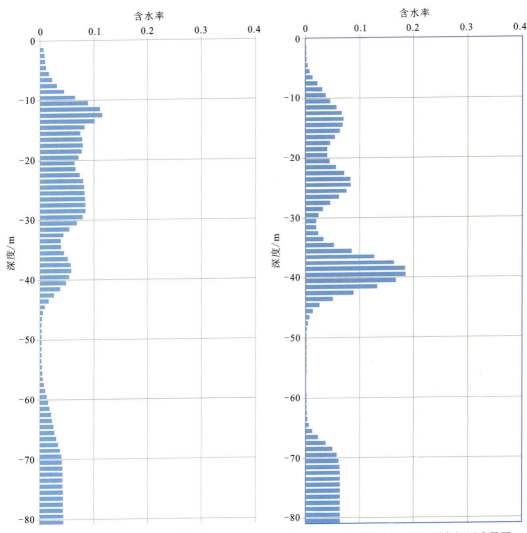

图 2.3-48 藕塘滑坡 MRS19 测点探测成果图　　图 2.3-49 藕塘滑坡 MRS20 测点探测成果图

电位大于 0 的区域主要在测区西侧，因此推测附近地下水向该区域流动汇聚，后顺冲沟方向排入长江；测区电位最低的区域（小于 −40mV）主要位于测区东侧，因此推测该区域地下水向东侧冲沟方向渗流。测区中部区域自然电位整体较为杂乱，无明显规律，结合地面核磁共振法反演结果推测，1#排水洞中部区域地下含水率相对较低，无明显横向渗流。

2.3.4　滑坡三维建模与地质结构分析

1. 建模方法

藕塘滑坡三维建模流程如图 2.3-52 所示。第一步是输入数据，可利用的建模数据包括通过地表调查与地下勘探获取的地形数据，如数字高程模型（DEM）或地形等高线，地表

图 2.3-50　藕塘滑坡自然电场法测点布置图

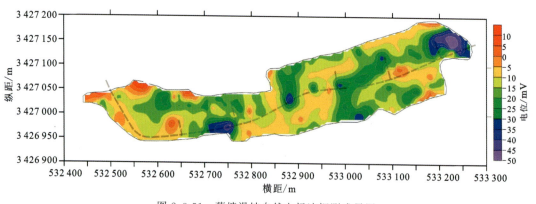

图 2.3-51　藕塘滑坡自然电场法探测成果图

地质界线包括滑坡边界、地层界线及地下滑动面与地层分界面的位置。第二步,将各地质单元的边界与控制点设置为曲面插值的约束,采用离散光滑插值(DSI)算法建立包括滑动面与地层面各地质界面的三维层面模型。第三步是建立地层柱状图。建模范围是最终模型的三维扩展空间,应大于滑坡的范围,并涉及模型分析所需的区域。地层柱状图定义了模型中地层的等级和分类及其沉积关系。滑坡三维建模中,一般将滑坡体定义为最新的一层,并定义为被地表侵蚀,滑坡的地面边界设置为侵蚀边界。其他的地层根据沉积的先后顺序在地层柱状图中设置。结合各地质单元的界面与地层柱状图即可以生成各地质单元的层面,并进一步生成三维网格和实体模型。

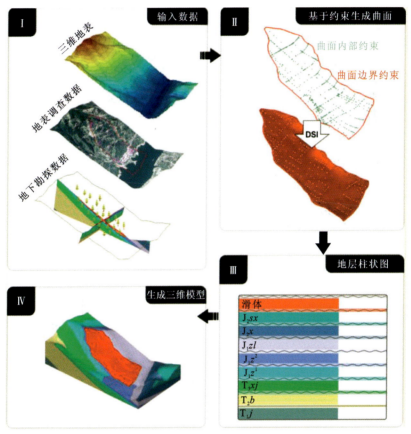

图 2.3-52 藕塘滑坡三维建模流程图

2. 基础数据与建模过程

藕塘滑坡三维建模的基础数据主要来源于勘查和监测数据(图 2.3-53)。滑坡勘查数据主要包括地表调查数据与地下勘探数据。其中,地表调查主要包括地形测绘与地质露头分析。陆地地形测绘通过无人机摄影测绘与 GPS 定位的方法进行,水面以下的地形通过回声定位方法测量。地质露头的分析包括岩体测量,如沉积岩层面的产状、层厚、岩性,构造裂隙的产状、密度与连通性等,这些数据可通过地质素描与拍照的方式记录。地下勘探通过钻孔与开挖进行,钻孔数据获取不仅通过取芯观察与测量,部分钻孔还进行了钻孔摄像与声波测试。开挖勘探包括平硐开挖、探井开挖与探槽开挖,通过开挖可以揭露更大面积的地下露头,以此获取更加准确的地质信息。2010—2016 年间,藕塘滑坡的地质勘探实施了钻孔 167 个,累计进尺 11 672.06m,孔深 20~139m,其中 36 个钻孔进行了钻孔摄像与声波测试;竖井 10 个,累计深度 294.6m,断面尺寸 3m×3.5m,深度 19~43m;平硐 4 个,断面尺寸 2.0m×2.2m,累计长度 832.7m;探槽 23 个,长度在 2～20m 之间,深度 1～3m。主要的变形监测装置为 35 个地表变形 GPS 监测点、17 个钻孔深部倾斜监测点,还包括安装在平硐、探井与裂缝中的变形监测装置。图 2.3-54～图 2.3-57 为典型建模基础数据。

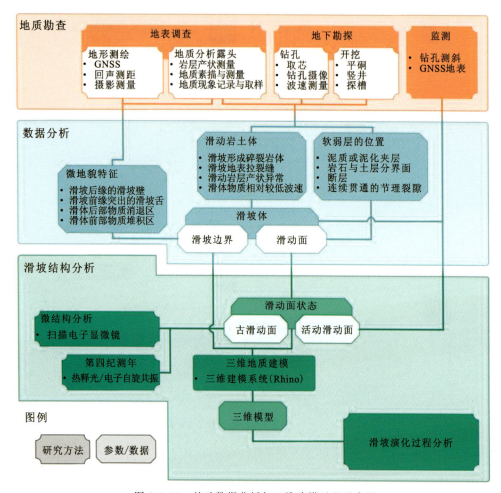

图 2.3-53 基础数据分析与三维建模过程示意图

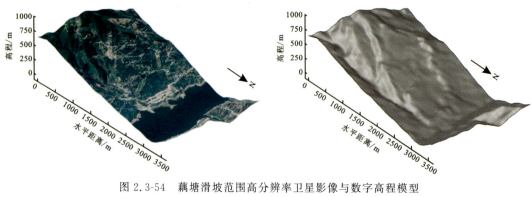

图 2.3-54 藕塘滑坡范围高分辨率卫星影像与数字高程模型

2 河谷地貌过程与滑坡形成演化机制

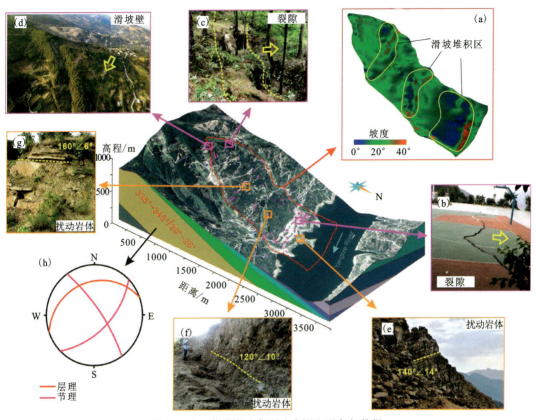

图 2.3-55　藕塘滑坡典型地表调查现象与数据

基于上述地表调查与地下勘探数据，可获取勘查区域内滑坡的微地貌特征、滑动岩土体分布范围以及软弱夹层的位置等信息。其中，滑坡的典型地貌特征主要包括滑坡壁、滑坡舌、消退区和堆积区等，这些信息可以通过地形测绘与地表露头数据分析获取。滑动岩土材料的表现特征主要包括结构松散的岩体、地表裂缝、异常的岩体产状以及相对较低的波速。软弱夹层主要包括泥质夹层、岩土分界面、断层与连通的节理裂隙，这些软弱夹层是易发生滑动的界面，同样也可以通过地表露头、钻孔与开挖获取。综合分析典型微地貌特征与滑动岩土体范围可以推测滑坡体的边界范围，结合滑动岩土体与软弱夹层则可以获得潜在滑坡滑动面的分布位置。进一步地，通过钻孔和开挖采集潜在滑动面的样品进行微观结构分析与年代测定，可以排除未发生滑动的软弱夹层，从而确定古滑动面位置及其发生滑动的时间。滑动面样品的微观结构通过扫描电子显微镜（SEM）观察。

对于多期次滑动的古老滑坡而言，虽然可能存在多层滑动面，但这些滑动面未必现今全部都在持续滑动，因此有必要进行深部变形监测，例如钻孔倾斜监测就可以直观地获得正在剪切运动的滑动面位置与变形速度。最后，基于勘查获取的古滑动面与活动滑动面，通过 DSI 插值与三维建模即可获取滑坡滑动面的分布特征模型，最后建立滑坡整体三维地质模型，用于后续滑坡演化过程分析。

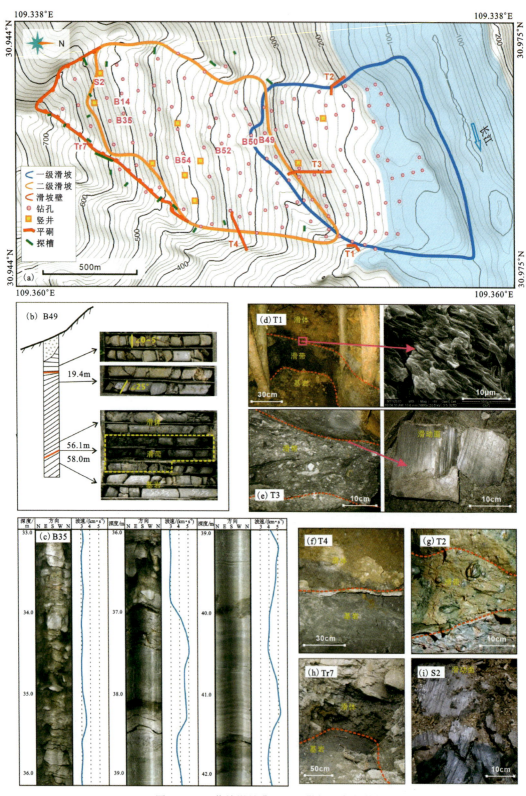

图 2.3-56 藕塘滑坡典型地下勘探现象与数据

2 河谷地貌过程与滑坡形成演化机制

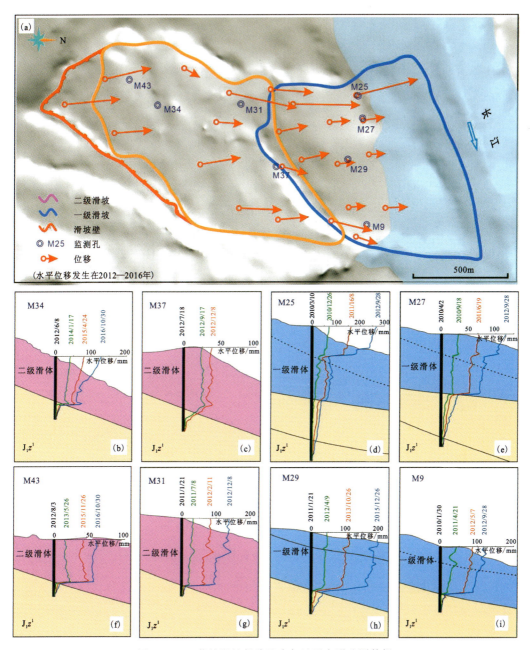

图 2.3-57 藕塘滑坡部分地表与地下变形监测数据

3. 建模成果与分析

下侏罗统珍珠冲组（J_1z）地层岩性主要为灰绿色粉砂质泥岩、页岩、泥质粉砂岩，含有多层灰褐色、灰黑色黏土岩或页岩夹层。其中有 5 层软弱夹层发育较连续，厚度相对较大，自下而上分别编号为 R1、R2、R3、R4 与 R5。这几层软弱夹层多为灰褐色、灰黑色黏土岩与

· 55 ·

页岩夹层互层出现。其中，黏土岩部分厚度最大有 0.5m，黏土岩与页岩互层组合厚度可至 3m。这 5 层软弱夹层构成了藕塘滑坡的潜在滑动面。藕塘滑坡多期次继承滑动过程均受不同的软弱夹层控制。

R1 软弱夹层位于珍珠冲组灰黑色底砾岩底板以上约厚 68m 位置，在滑坡平面范围内发育连续，层厚比较稳定。通过追索法进行地表调查发现，R1 软弱夹层在滑坡东侧连续出现，自滑坡后缘的煤炭槽到叫花子湾、采煤洞及大沟均有地表出露点。调查过程中发现，R1 软弱夹层在叫花子湾附近连续出露，产状稳定，并未出现错动剪断的现象（图 2.3-58）。同时钻孔测斜深部变形数据也显示 R1 软弱夹层孔深位置并未发生变形。

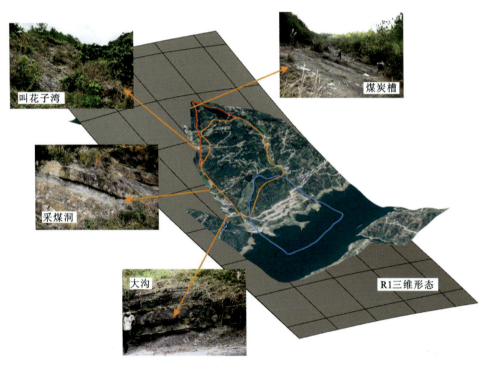

图 2.3-58　藕塘滑坡 R1 软弱夹层地表出露特征

R2 与 R3 软弱夹层分别位于 R1 软弱夹层以上 15m 与 24m 位置，组成物质为灰黑色黏土岩夹薄层页岩，层厚 0.5~0.8m，软弱夹层上、下岩层均为灰褐色中厚层状细砂岩，且厚度大于 10m。现场调查中厚层砂岩与软弱夹层的组合关系，可较准确地追索 R2 与 R3 软弱夹层的分布位置（图 2.3-59）。R2 软弱夹层的底面在地表出露于滑坡后部东侧的石板坡区域，其本身物质与上覆岩体已滑动堆积在刘家包至老祠堂一带平台区域。R3 软弱夹层的底面在滑坡后部狮子包至十字包范围内地表出露，软弱夹层及上覆岩层已滑动至老油坊、中大塘与草屋包附近区域并堆积为相对平缓的平台地形。深部监测数据显示，二级滑坡体主要沿着 R3 软弱夹层滑动。

R4 与 R5 软弱夹层分别位于 R3 软弱夹层以上 30m 与 52m 位置，组成物质为灰色、灰

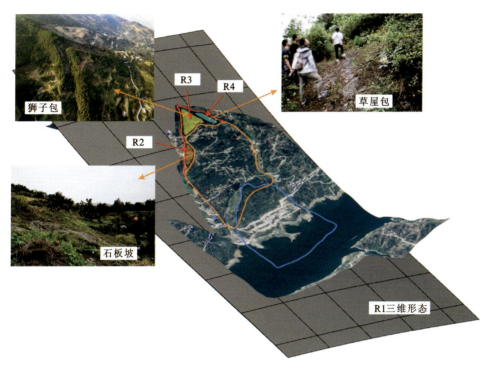

图 2.3-59 R2、R3、R4 软弱夹层地表出露特征

白色薄层状粉砂岩或细砂岩与黏土岩互层,厚度 0.5~1m。这两层软弱夹层虽未在地表出露,但前期勘查钻孔均有揭露。监测数据显示一级滑坡中部 R3 软弱夹层并未滑动,R4、R5 软弱夹层发生明显滑动。

结合三维地质模型对滑坡区典型软弱夹层与滑坡岩土体堆积区的空间分布特征进行对比分析,得出藕塘滑坡整体上可分为 4 级滑坡,编号分别为 S1、S2、S3 与 S4。其中,S1、S2 与 S3 滑体共滑动面,形成一个大的滑坡体 S1+S2+S3,存在整体滑动的趋势。S4 滑体相对独立,与滑体 S1+S2+S3 不共滑面。近 10 年的地表与地下监测数据显示,滑体 S1+S2+S3 范围内的监测点变形速率相对一致,而 S4 滑体范围内的监测点显示变形速率较慢,与 S1+S2+S3 滑体显著不同。

由藕塘滑坡体与滑动面三维模型可见(图 2.3-60),滑体 S1+S2+S3 的滑动面在东侧与 R2 软弱夹层重合,在中部与 R3 软弱夹层重合,在西部与 R4 软弱夹层重合。滑体 S4 的滑动面在东侧与 R4 软弱夹层重合,在西部与 R5 软弱夹层重合。滑动面在东西方向上呈现出切层阶梯状特征,主要受区域地层倾向与河流切割方向控制。由滑坡地质结构典型剖面可见(图 2.3-61),S1 滑体物质的堆积区主要位于高程 550m 左右的中大塘区域,S2 滑体物质堆积区主要位于高程 440m 的老油坊一带,S3 滑体物质则形成于高程 300~350m 范围内的鹅颈项平台。

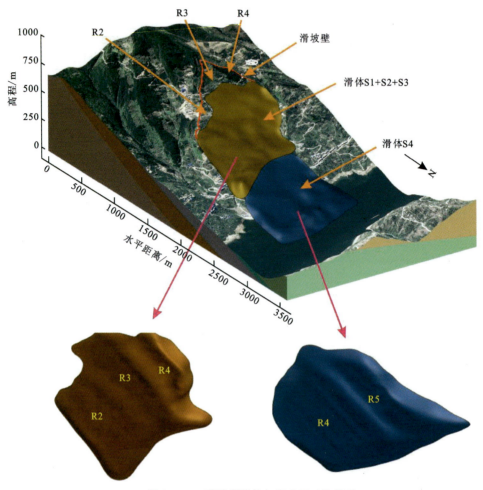

图 2.3-60 藕塘滑坡体与滑动面三维模型

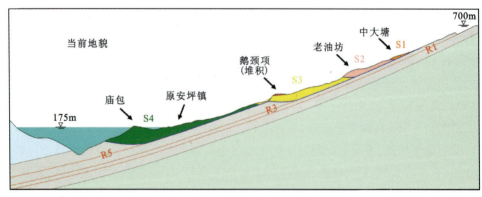

图 2.3-61 藕塘滑坡地质结构典型剖面

对比滑动面三维模型与物探数据可以发现,在滑坡300m及以下高程范围内,松散堆积层厚度和分布范围与三维模型吻合较好,原因在于高密度电阻率法工作原理与地层岩土体的完整性和含水状态相关。在高程300m及以下区域,地下水在滑坡松散堆积层内含量较高,与下伏结构完整且含水率较低的基岩形成较大的大地电阻差异,使物探阻值剖面形成明显的物质分层界面(图2.3-62)。具体物探剖面见图2.3-17~图2.3-28。

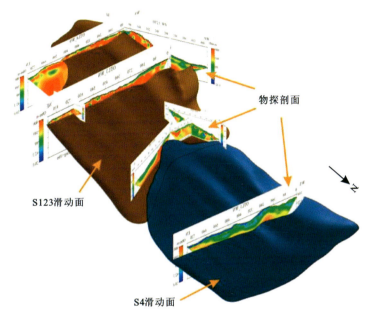

图 2.3-62　藕塘滑坡滑动面与物探剖面对比示意图

基于三维模型数据测得藕塘滑坡总体积 $5\ 279.99\times10^4\ m^3$。其中,一级滑坡体长1050m,宽935m,滑体最大厚度80m,体积 $3\ 107.03\times10^4\ m^3$。一级滑坡东侧变形体长、宽分别为360m、225m,体积 $110.02\times10^4\ m^3$。一级滑坡西侧变形体长、宽分别为470m、380m,体积 $302.87\times10^4\ m^3$。二级滑坡体长920m,宽870m,滑体最大厚度60m,体积 $2\ 172.96\times10^4\ m^3$。受河流走向与地层倾向斜交影响,滑坡滑动面呈阶梯状。

2.4　藕塘滑坡演化过程

2.4.1　鹅颈项堆积物质分析

堆积物的粒度组成、颗粒形态、排列形式及物质组成是分析其形成过程中外动力与沉积环境的重要信息。竖井样品的粒度组成通过筛分法和密度计法测试(图2.4-1)。制样时,首先将竖井不同深度处采集的样品充分泡水使不同粒径颗粒分离,按照测试标准通过水筛的方式分离粒径大于0.075mm的粗颗粒,同时获得粗颗粒的累计级配曲线(图2.4-2)。待通过密度计法测得细颗粒粒度组成后,与粗颗粒数据合并为完整的颗粒级配累计曲线。

测试结果表明,鹅颈项堆积物粒度组成自上而下呈现出细颗粒减少、粗颗粒增多的现象。

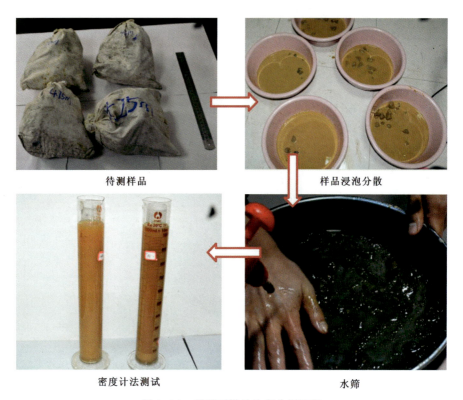

图 2.4-1　鹅颈项样品粒度分析过程

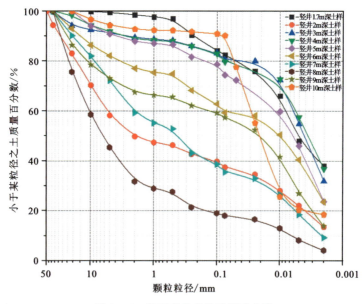

图 2.4-2　鹅颈项样品粒度级配曲线

砾石的磨圆形态也是河床堆积物的重要辨识特征。砾径、圆度和球度等参数均随搬运距离而变化。目前,在沉积学领域对颗粒形状的判断普遍采用的方法是将实际的岩土材料颗粒与一组标准的磨圆度颗粒示意图进行对比,大致判断出颗粒的形状特点。根据中华人民共和国石油天然气行业标准《岩石薄片鉴定标准》(SY/T 5368—2016),碎屑岩颗粒的磨圆度分为如图 2.4-3 所示的棱角、次棱、次圆、圆和极圆 5 个级别。

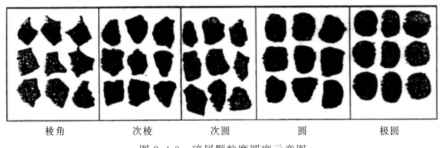

图 2.4-3 碎屑颗粒磨圆度示意图

为了获得砾石样品的轮廓特征,首先通过水洗的方式使砾石按照不同粒径分离,然后通过照相的方式获取不同粒径砾石的数码照片(图 2.4-4)。经过对比样品砾石形状与标准磨圆度参考图可见,鹅颈项堆积物内的砾石部分达到圆与极圆级别,但其分选性较差,混杂有次棱与次圆砾石,粗颗粒之间有粉质黏土充填,表现出沟谷冲洪积物的特征。成因推测为源于河流阶地沉积的圆砾经二次搬运,与地表泥沙混合,最终堆积于鹅颈项平台。

图 2.4-4 竖井不同深度样品砾石照片

2.4.2 第四纪沉积物测年

1. 竖井样品光释光测年

光释光(OSL)测年技术基于一个相似的基本原理,即总量、速率、时间存在某种特定的函数关系。如果已知总量和速率,则可根据这种函数关系求出时间(年代)。简而言之,就是将经历最后一次曝光的沉积物重新埋藏之后接收的辐射总量除以接收的速率,即得出埋藏时间(年代)。沉积物中的矿物颗粒(主要是石英和长石)被掩埋之后不再见光,不断接受来自周围环境的辐射,包括沉积物中的 U、Th 和 K 等放射性物质的衰变所产生的射线以及宇宙射线的辐射能[图 2.4-5(a)]。这会导致矿物颗粒随时间增长不断累积辐射能。这些累积的辐射能经过加热或者光照射激发之后会被清空或者降低到可以忽略的水平(释光信号被晒褪归零)[图 2.4-5(b)],埋藏之后又会重新积累。在实验室中,用加热或者光束照射矿物颗粒也能使累积的辐射能以光的形式被激发出来,这就是释光信号。通过加热激发的释光信号叫作热释光(TL),通过光束激发的释光信号叫作光释光(OSL)。

用已知计量的人工辐照产生的释光信号与自然光信号对比,就可以计算出矿物颗粒自埋藏以来接受并累积的总辐射能,用等效剂量(D_e)表示。而通过分析样品中的 U、Th 和 K 的含量,综合采样深度、海拔及样品含水量等,可计算出矿物颗粒单位时间内接受的剂

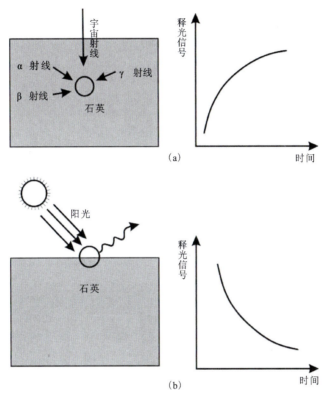

图 2.4-5 释光信号积累(a)与释放(b)

量,即累积信号的速率,用年剂量率表示。累积的等效剂量除以年剂量率,即为矿物颗粒最后一次曝光之后接受辐射的时间长度,即埋藏至今的年代(图 2.4-6)。计算公式如下:

$$埋藏年代 = 等效剂量 / 年剂量率$$

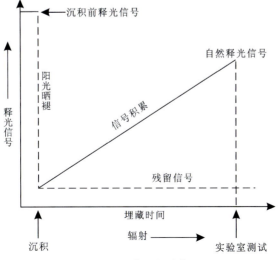

图 2.4-6 埋藏时间计算原理

关于样品量,实验室最后只需提取 1~2g 的纯石英或长石样品(一般粒径为 38~63μm、90~120μm 或 120~150μm;也有 4~11μm 的,如深湖相样品)。因此,可根据沉积物中所含以上有效测试粒组的多少选择采样管的规格。如黄土中可测试的粒组含量高,使用一个 15cm(长)×3cm(内径)的管样即可。但冰川沉积以砾石为主,可测试粒组含量较少,采样量需酌情加大,一般需使用 22cm(长)×6cm 内径的管样,甚至需要采两管样品。采样前,应先剥去剖面表层至少 30cm 厚度的物质,以避免采集到表层曝光的样品。然后将采样管接触剖面一端塞上避光材料(黑布、黑色塑料袋、棉花等),从另一端将采样管垂直压入新鲜剖面中,取出采样管时用相同材料塞紧里端,并用胶带束紧两头,写上样品编号。在采样管周围采集 200~300g 的散样,用于 U、Th 和 K 含量及含水量等年剂量参数的相关测量。同样,每个样品需标明对应的样品号。采集的年剂量样品是否具有代表性对测年结果的影响很大,最能代表地质时期辐照率的样品为最佳的年剂量样品。尤其在沉积物不均一的层位或层间采样时,管样周围 30cm 范围内各种沉积都需兼顾,尽量使测得的年剂量接近实际值。这部分样品无需避光,但要密封于自封袋中,以防水分散失。对于钻孔岩芯的采样,在剖开岩芯前应在需要定年的层位锯出一段长约 10cm 的岩芯,用不透光的黑塑料袋包好送到释光测年实验室。因黏土前处理较困难,应尽量选取含粉砂多的层位取样,避免黏土层。在释光实验室里锯开采样管,取出整块岩芯,岩芯表层的曝光部分可继续取环境指标样品,留下岩芯中心未曝光的物质进行光释光测年。

1)制样与测试

(1)前处理。目的是去除杂质,提取纯净的测试用的矿物颗粒(石英、长石、多矿物等)。

(2)样品测试。包括长石污染检测、含水量分析、年剂量分析,测试处理流程见图 2.4-7。对同一个测片,在测定天然释光信号强度(LN)后,对其辐照若干个已知再生剂量 $R_1, R_2, R_3, R_4, R_5(=0\ Gy), R_1'(=R_1)$ 和 $R_1''(=R_1)$,在 260℃ 温度下预热

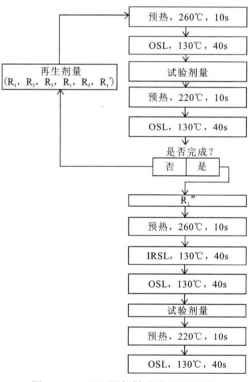

图 2.4-7 OSL 测年样品处理流程图

10s,在 130℃ 温度条件下利用强度为 90% 的蓝光发光二极管用蓝光激发 40s,分别测出它们对应的释光信号强度($L_1, L_2, L_3, L_4, L_5, L_1'$ 和 L_1'')。另外,在每一个天然或再生剂量之后,都给较小的固定的辐照,即试验剂量(test dose,TD),在 220℃ 温度下预热 10s,在 130℃ 温度条件下利用强度为 90% 的蓝光发光二极管蓝光激发 40s,并测出它们对应的释光信号强度($TN, T_1, T_2, T_3, T_4, T_5$ 和 T_1')。给定重复的试验剂量 R_1'' 测试样品红外释光(IRSL)是否通过,不通过则舍弃该次测试结果。最后将 LN/TN 插入曲线中,即可计算出

相当于天然释光信号强度对应的剂量值,即等效剂量(De)。

2)测试结果

取样地点位于鹅颈项平台(坐标:E109.35°,N30.96°,高程320.50m),该平台位于二级滑坡前缘,高程280~320m,采取竖井开挖不同深度均匀取样的方式获取光释光测年样品。测试结果如表2.4-1所示。

表2.4-1 藕塘滑坡沉积物测年结果表

样品编号	取样深度/m	样品高程/m	OSL年龄/ka	误差/ka
1	4.100	315.900	37.40	2.7
2	4.400	315.600	41.46	2.9
3	4.700	315.300	42.28	3.1
4	5.000	315.000	41.02	2.9
5	5.700	314.300	37.00	2.8
6	11.000	309.000	46.28	4.4
7	11.400	308.600	46.12	4.5
8	11.700	308.300	47.72	4.8
9	12.000	308.000	47.53	5.3
10	11.700	308.300	87.66	8.3
11	12.000	308.000	92.49	8.1

2.4.2.2 竖井与钻孔沉积物电子自旋共振测年

电子自旋共振(electron spin resonance,ESR)又称电子顺磁共振(electron paramagnetic resonance,EPR),是一种成熟、通用、非破坏性、非干涉性的分析方法。它是一种微波吸收光谱技术,用于直接检测和研究含有未成对电子的顺磁性物质。ESR测年的原理是基于测量矿物中累积的顺磁中心数量与天然放射性元素产生的辐射率成正比。

ESR测年法的基本流程如下:尽量在避光的环境下进行野外取样,防止外界的热量和光照影响样品的ESR信号。在实验室中将样品放置在40℃的恒温烘箱中烘48h,计算样品含水量。在铁研钵中将样品粉碎过筛,留200目以下的样品测U、Th、K_2O含量,以便后期计算样品年剂量。取70~140目的样品于烧杯中,用水洗掉黏土至上层液体不再浑浊,而后将样品放置在通风橱中。加入双氧水至样品中等有机质反应完,样品不再冒泡后放置24h,用水冲洗掉反应的产物。加入浓盐酸溶解碳酸盐,反应48h,用水冲洗干净。加入氢氟酸溶解长石,反应1~2h,待长石反应完后,用水冲洗反应掉的溶解物和上部被氢氟酸溶蚀得较轻的石英。冲洗至基本无漂浮物时,将水倒掉放入烘箱,在40℃下将样品烘干。样品烘干后用钕强磁铁除尽其中的磁铁矿物,利用密度为$2.80g/cm^3$的多钨酸钠溶液进行重液分选,分层后将较轻的石英从漏斗上部倒出,用去离子水将石英清洗干净,收集多钨酸钠溶液,后期回收再次利用,将石英洗净后放入烘箱40℃下烘干。处理完每次称取0.25g装入高硼石英管中,放入电子自旋共振波谱仪中测试ESR信号,样品处理流程如图2.4-8所示,样品处理实物流程如图2.4-9所示。

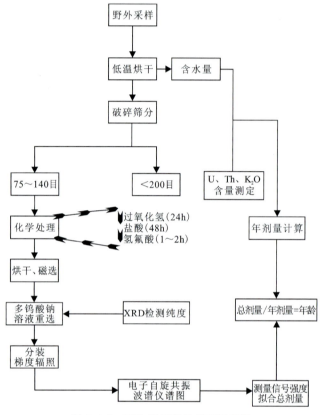

图2.4-8　ESR测年样品处理流程图

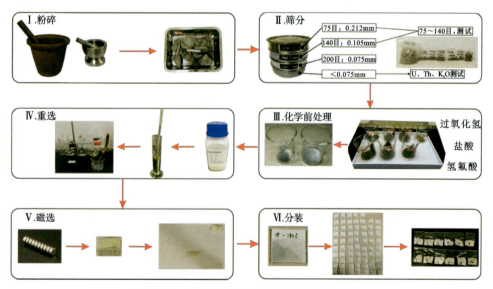

图2.4-9　ESR测年样品处理实物流程示意图

藕塘滑坡竖井样品测年结果如表 2.4-2 所示。

表 2.4-2 藕塘滑坡竖井样品测年结果表

样品编号	含水量/%	古剂量/Gy	年剂量/(Gy·ka^{-1})	ESR 年龄/ka
竖井 1m	18.00	199±27	3.57	56±8
竖井 2m	16.90	201±19	3.50	58±6
竖井 3m	15.17	219±23	3.60	61±6
竖井 4m	16.20	204±125	3.40	60±37
竖井 5m	17.99	220±10	3.52	62±3
竖井 6m	19.50	269±13	3.46	78±4
竖井 7m	21.40	188±21	3.11	61±7
竖井 8m	22.00	225±28	3.65	62±8
竖井 9m	23.50	264±36	2.88	92±13
竖井 10m	22.00	244±35	3.40	72±10

由表 2.4-2 可知，随着竖井深度增加，样品的年龄未出现明显增加趋势，样品总体分布在 5.6 万～9.2 万年之间，其中最小值出现在 1m 处，最大值出现在 9m 处，除去最大的 9.2 万年，其他几个样品整体年龄位于 6 万～7 万年之间。样品 10 个年龄中，4m 处的年龄误差值最大，误差年龄达到了 3.7 万年，已经超过了拟合年龄的 50%，除去 4m 处的样品，其他 9 个样品的年龄误差都在 15% 以内，最大误差年龄只有 1.3 万年。

藕塘滑坡东侧鹅颈项平台沉积物的 ESR 年龄在 5.6 万～9.2 万年之间，物质年龄相较于其他同高度范围内的四级阶地年龄（30 万～50 万年）明显偏年轻，且随着深度增加，各样品的 ESR 年龄并未出现单纯的增大现象，因此鹅颈项平台可能不是阶地物质。竖井内发现很多磨圆度较好的卵石，这些卵石必须经过一段搬运距离才能形成，因此鹅颈项平台也不是滑坡滑动堆积形成的。大量磨圆度较好的卵石和样品的分选性较差都显示鹅颈项平台可能为冲洪积物，且搬运距离较远。在搬运过程中，卵石有充足的时间被磨圆，并在洪峰过去的时候产生短暂的平流期留下了竖井 9m 处的一些定向排列的卵石。查阅相关文献发现，关于长江三峡深槽的蚀积变化，在三峡地区的深槽中发现一些树木的 ^{14}C 测年结果为 3 万～4 万年，说明在 3 万～4 万年以前长江三峡地区发生过古洪水事件。张年学等（2005）也提出了除 3 万～4 万年前的高温大降水时期是古洪水发生期之外，还存在更早的古洪水时期。本次实验中的竖井样品年龄在 5.6 万～9.2 万年之间，这段时间里可能也发生了古洪水事件，才形成磨圆度较好、分选性差的鹅颈项冲洪积平台。

藕塘滑坡钻孔样品测年结果如表 2.4-3 和表 2.4-4 所示。

表 2.4-3　藕塘滑坡钻孔 2 样品测年结果表

野外编号	含水量/%	古剂量/Gy	年剂量率/(Gy·ka^{-1})	ESR 年龄/ka
XZK02-1.5	3.54	—	5.44	—
XZK02-3.5	5.68	540±81	5.07	107±16
XZK02-5.4	12.98	264±24	4.06	65±6
XZK02-6.8	11.59	265±25	4.66	57±5
XZK02-8.0	13.41	565±33	4.30	131±8
XZK02-8.3	12.80	296±36	4.79	62±7
XZK02-16.6	10.89	621±71	4.69	132±15
XZK02-36.6	9.46	827±64	5.17	160±12
XZK02-46.8	6.93	911±86	3.24	281±26
XZK02-53.1	10.63	1564±116	5.55	282±21
XZK02-66.5	9.81	—	4.91	—
XZK02-69.3	11.50	1625±297	5.14	316±58

表 2.4-4　藕塘滑坡钻孔 3 样品测年结果表

野外编号	含水量/%	古剂量/Gy	年剂量/(Gy·ka^{-1})	ESR 年龄/ka
XZK03-1.1	14.60	335±26	3.68	91±7
XZK03-2.0	12.71	376±32	3.80	99±9
XZK03-3.0	11.23	313±36	3.88	81±9
XZK03-3.8	11.77	408±49	3.94	104±12
XZK03-5.2	14.34	263±21	3.83	69±5
XZK03-6.0	15.72	339±38	3.64	93±10
XZK03-7.2	11.09	319±35	4.06	79±9
XZK03-8.2	12.60	257±36	4.03	64±9
XZK03-9.1	12.73	386±37	4.11	94±9
XZK03-10.0	16.10	313±26	3.74	84±7
XZK03-11.0	9.13	335±24	4.23	79±6
XZK03-12.0	18.34	354±24	3.90	91±6
XZK03-13.0	11.23	248±36	4.13	60±9
XZK03-15.7	15.39	223±21	3.55	63±6
XZK03-27.5	7.91	437±62	4.46	98±14

续表 2.4-4

野外编号	含水量/%	古剂量/Gy	年剂量/(Gy·ka^{-1})	ESR 年龄/ka
XZK03-37.5	11.32	—	3.81	—
XZK03-44.0	12.56	—	5.20	—
XZK03-55.5	11.31	1372±153	4.60	299±33

钻孔 2 的年龄分布分为在 3 个部分:第一部分的年龄在 5 万~6 万年,第二部分的年龄在 10 万~16 万年,第三部分的年龄在 28 万~31 万年。钻孔揭露的岩芯中,70m 以前出现了软弱夹层,在 70m 以后就是完整的砂岩岩芯,没有再次出现软弱夹层。因此,可以将滑坡滑动年龄的下界确定为这次的年龄之前,即藕塘古滑坡启动时间小于 31.6±5.6 万年。三峡库区云阳的宝塔-鸡扒子滑坡滑动年龄也在 30 万年左右,与本次藕塘滑坡测得的最早滑动年龄相近。这段时间为 MIS9 间冰期(29.7 万~34.7 万年)(张寿越等,1985)。间冰期温暖潮湿,更容易诱发滑坡灾害,张年学等(2005)认为古滑坡多发生在暖湿气候期。

钻孔 3 的年龄分布明显分为两个部分:第一部分为 1~16m 处的年龄,这部分的年龄随深度变化很小,整体分布在 5 万~10 万年之间,这与竖井沉积物测年的样品年龄基本一致,说明竖井的测年结果可信;第二部分的年龄与钻孔 2 的年龄增长一致,但是在 55.5m 处的软弱夹层年龄也达到了 30 万年。

鹅颈项处滑体堆积物与夹层物质测年数据显示,藕塘二级滑坡体至少存在 3 次第四纪沉积事件,其中最老一次发生于 30 万年前,堆积层底面埋深约 50m。该埋深位置大致高程为 260m,通过与该区域河流下切过程中形成的阶地高程对比可见与四级阶地接近,形成地质年代亦吻合。同时,勘查揭示,藕塘二级滑坡前部滑带埋深也位于该处。由此推测,藕塘二级滑坡发生于 31 万~28 万年前。其后,鹅颈项区域分别于 16 万~10 万年前及 6 万~5 万年前还分别发生过两次堆积事件,结合堆积物粒度与砾石形态分析,16 万~10 万年前可能为局部浅层滑坡事件(块石土混合物),而 6 万~4 万年前则是冲洪积物堆积(卵石土混合物)。

2.4.3 滑带 ESR 测年分析

ESR 方法在第四纪沉积物测年中被广泛运用,且其测试结果的可信度得到了证实。然而,该方法在被用于滑坡滑带测年中的可行性还有待验证。信号清零是 ESR 测年法成功的关键因素,如果在测定事件发生时,石英中的 ESR 信号完全清零,那么实验室得到的古剂量 P 就是真实的古剂量,再根据年剂量可以得到具有地质意义的年龄,即最后一次地质事件发生至今的时间。相反,如果在测定事件发生时,石英 ESR 信号没有完全清零,而是存在一个残留值 R,那么实验室得到的古剂量 P' 就包含了真实的古剂量 P 和残留值 R 两部分,如果不扣除残留值,那么得到的年龄远大于事件年龄,示意图如图 2.4-10 所示。据研究,石英的 ESR 信号受到热事件或阳光晒褪能产生清零作用,高温(100℃以上,温度越高回零所需时间越短)的热作用可以使信号完全清零;阳光晒褪时,不同 ESR 信号中心的清零程度是不一致的。对于沉积物,在沉积埋藏时与 ESR 信号相关的地质事件只有阳光晒褪作用。因此,确定沉积物最后一次埋藏前石英 ESR 信号的大小对于准确获得样品自最后一次埋藏事件以来的年龄至关重要。对于滑坡滑带土,滑动产生的摩擦热效应是石英 ESR 信号回零的重要条件,不同的温度和持续时间会影响 ESR 信号的清零过程。本次实验对滑坡提取的石英样品进行了退火实验和辐照实验,探究了滑坡中石英 ESR 信号的清零过程与其对滑坡测年的影响。

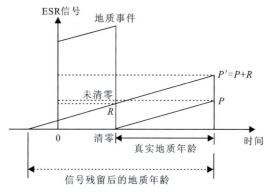

图 2.4-10　ESR 信号清零对测年的影响示意图

本次实验的样品均取自重庆市奉节县上游 12km 长江南岸的藕塘滑坡不同部位,其中石英样品 1D 取自藕塘滑坡 1♯ 排水洞 D 支洞掌子面揭露的软弱夹层,岩性为下侏罗统珍珠冲组(J_1z)中厚层状的灰褐色石英砂岩。石英样品 2H 取自藕塘滑坡 2♯ 排水洞 H 支洞掌子面揭露的滑带土,岩性为黏土化的碳质页岩。2♯ 排水洞 H 支洞位于二级滑坡 S3 滑体内,垂向地表高程在 360m 左右,H 支洞掌子面刚好揭露二级滑坡抗滑段滑带,取样掌子面距离地表约 60.5m。为确保提取出的测试样品充足,所有原始样品质量均采集 2kg 以上。排水洞内具体采样位置如图 2.4-11 所示。

图 2.4-11　藕塘滑坡 D 支洞(左)与 H 支洞(右)掌子面取样位置

为模拟滑坡间歇性滑动的特征,退火实验设计了两种加热方式:5min 累进加热和 10min 累进加热,加热时间累计到 50min 停止。为模拟不同规模和滑动速度下 ESR 信号的变化,实验仅以温度作为研究对象,将分装的样品在 200℃、250℃、300℃、350℃、400℃、450℃、500℃、550℃、600℃ 9 个不同温度下进行加热,并测试其 E' 心信号强度。首先,称取 0.25±0.000 5g 前处理好的样品放入测年专用高硼石英玻璃管中,测试未加热样品的信号值,而后将样品倒入小坩埚中。为保证样品全部倒出,每次倒出需用单向吹气囊将玻璃管中的样品吹入坩埚中。待马弗炉加热到设定温度时,快速将装有样品的坩埚放入炉中。加热过程中保持温度变化范围在±10℃之内,关上马弗炉门开始计时,加热时间结束后将样品迅速取出,在常温环境中冷却至室温。冷却后,将样品倒在称量纸上称取样品质量,以保证样品损失量不超过实验误差允许范围。最后将样品倒入石英玻璃管中,再次测试 ESR 信号值。为消除石英颗粒的各向异性,所有 ESR 测试均在相同条件下测试 3 次,取平均值作为信号值。退火实验流程如图 2.4-12 所示。

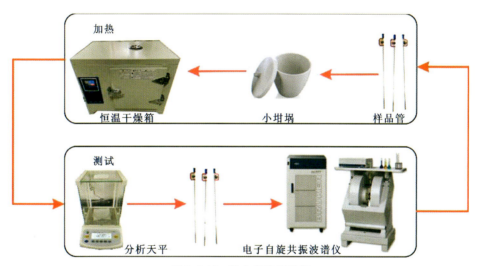

图 2.4-12 退火实验流程图

退火实验完成后对自然样品、完全退火样品、加热到最大信号 3 种样品进行同样强度辐照梯度的辐照实验。设计将样品辐照 0、100Gy、200Gy、400Gy、800Gy、1200Gy、1600Gy、2200Gy、3000Gy、4000Gy、6000Gy、10 000Gy 共 12 个梯度的辐照强度。所有样品均在北京大学化学与分子工程学院钴源室接受 ^{60}Coγ 射线源辐照,仪器为德国 PTW-UNIDOS 剂量仪。辐照时将封装好的样品置于试验台上,射线照射方向与样品垂直,样品位置剂量率为 30.0Gy/min。辐照后将样品放在常温避光环境下静置 14d,去除由辐照引起的剧烈增强的不稳定信号值,而后将样品装入专用高硼石英玻璃管中,在电子自旋共振波谱仪上测试样品的 ESR 信号值。

1. 退火实验结果及其对测年结果的影响

滑带土样品 2H 的退火实验结果如图 2.4-13 和图 2.4-14 所示。滑坡滑动会产生热效应,滑坡的规模、滑动速度和滑动时间都会影响加热的温度和时间。在小型滑坡或低速滑坡中,滑动温度低于250℃的较低温段下,滑带中石英样品的ESR信号基本没有变化,故而ESR测年不适用于小型低速滑坡;在滑动速度较低的中型滑坡中,其滑带中石英ESR信号强度的变化情况可能与中温区间的石英相似,信号强度会先上升再下降,但这种上升的信号值不稳定,会随时间的增加而减弱,这会影响滑坡的测年精度;在大型高速滑坡(滑动温度超过500℃)中,滑坡滑动速度快、热量高,滑带土中的石英ESR信号能很快衰减到零,再次重生的信号值不会被其他因素影响,因此大型高速滑坡的滑带土ESR测年的精准性更高。

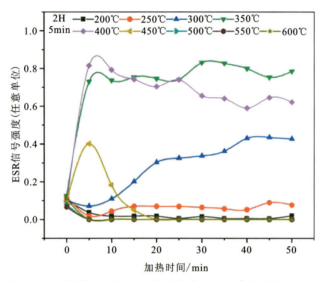

图 2.4-13　样品 2H 在 5min 加热方式下 ESR 信号强度的变化

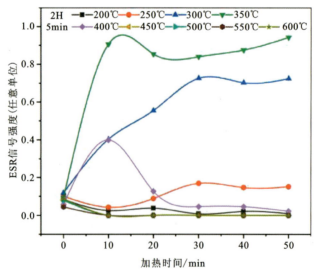

图 2.4-14　样品 2H 在 10min 加热方式下 ESR 信号强度的变化

藕塘滑坡的滑动距离和滑动时间较短,滑动产生的热效应较少,然而藕塘滑坡滑带土的 ESR 信号清零需要的温度需要超过 450℃,藕塘滑坡滑动产生的热效应不足以将之前累积的 ESR 信号值清零,测出的 ESR 信号值可能偏大,因此藕塘滑坡实际的年龄应该小于之前测出的年龄。

对于其他滑坡,在进行测年之前需要采集滑带土的样品进行退火实验,找出滑带土 ESR 信号清零的温度条件。然后综合滑坡的规模、滑动时间、滑动距离等因素得到滑坡的滑动温度。也可以通过热释光法反推滑坡温度,再根据滑动温度判断滑带土 ESR 信号值是否清零,分析样品 ESR 测年结果的可靠性。

2. 辐照实验结果

辐照实验结果如图 2.4-15 所示。滑坡滑动后,滑动面温度未达到 450℃ 以上的样品由于摩擦热效应,石英的 ESR 信号强度会大幅增加,随着时间的增加,逐渐积累辐照剂量。在一定时间内由于加热而产生的不稳定的 ESR 信号中会快速分解,并产生逆磁性氧空位,导致 ESR 信号强度下降,直到一定值之后恢复正常积累。这段下降的时间长度还需要用实验探究确定。因此,选用这段下降的 ESR 信号强度来拟合古剂量会影响 ESR 测年的精度。为此,建议在实际拟合时将这一段时间产生的辐照剂量丢弃,但这会导致拟合的精度下降。因此,不建议采用这种样品来进行测年。

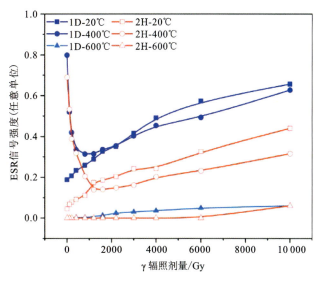

图 2.4-15 3 种情况下 2 种样品 ESR 信号强度随 γ 辐照剂量的变化

滑动温度达到 450℃ 以上时,石英 ESR 会完全退火,在短时间内生成的氧空位数量非常少,生成效率很低,要经过长时间的积累才能达到正常值。此时,即使在短时间内施加大剂量的辐照,也不会使其信号显著增长。在这种情况下重新生成的氧空位和 ESR 具有较强的稳定性,可以用于滑坡测年。

辐照实验的结果表明,钻孔样品测年过程中部分样品随辐照强度增加 ESR 信号强度未出现变化的情况可能是该处的样品经历过退火现象,样品内部的氧空位数量较少,因此能转化的信号中心数量不够,ESR 信号强度变化才会不大。

ESR 退火试验结果表明,该方法对滑坡滑带年龄测试结果的有效性受不同取样位置的环境条件影响。对于滑坡中后部滑带,如果滑坡速度较小而无法达到退火临界温度,则无法获取真实的古剂量。当滑动较快而造成滑带温度过高后,又可能使测试对象失去活性,造成无法测出数据。同时,滑坡在漫长地质历史过程中持续或间歇性地滑动,也会对样品累积 ESR 信号造成影响。因此,通过 ESR 方法测试滑坡中后部滑带年龄可信度较低。但对于滑坡前部滑带样品,其在滑坡滑动前处于暴露状态,当滑坡滑动后被覆盖掩埋,因此,该掩埋事件的年龄可较真实地反映滑坡滑动的时间。

2.4.4 藕塘滑坡演化过程分析

现有研究成果表明,巫山-奉节区段长江河谷共发育有 5 级阶地,阶地测年的河谷深切速率研究成果显示,奉节地区近 10 万年的河谷平均深切速率 0.8～1m/ka,10 万年累计深切 80～100m,由此得出如图 2.4-16 所示的藕塘滑坡区推测 10 万年前河谷地形。显然,前期勘查提出的一级滑坡在 10 万年前并没有剪出临空条件。由此可判断前期勘查所提出的藕塘滑坡一级、二级与三级滑坡体依次发生滑动的演化模式存在不合理之处。

欲更详细重现藕塘滑坡形成演化过程,不仅要明确各级滑坡的滑动序次,而且要明确各级滑坡大致失稳时期与失稳高程。长江河谷地貌演化过程中为长江南岸创造前缘临空条件,而区域地层内软弱夹层的存在则为岸坡失稳提供了潜在滑面,导致从古至今滑坡灾害事件频发,具体表现为三峡区段内存有多处古滑坡堆积体。河流阶地上部往往发现有古滑坡堆积物,说明河流阶地及夷平面形成时期往往也是滑坡灾害集中发育时期,因此对河谷地貌演化史的还原对古滑坡形成演化重现研究有所帮助。

由图 2.4-17 可知,滑坡范围有多个区域分布平台,如草屋包、中大塘、老油坊、大梁坪、老祠堂、刘家包、鹅颈项及安坪镇旧址等区域。以上平台有两种成因:一是各序次滑坡失稳滑动时前缘形成堆积平台,此成因下堆积层物质组成多为滑动面以上原始地层及坡积物;二是两岸在地壳活动稳定时期受河流较强侧蚀效应所形成的平台,此成因下平台堆积物组成多为冲洪积物,甚至在长时间地表风化剥蚀下近乎无堆积物。一般来说,根据平台高程可大致推断历史时期河谷水面高程,结合滑坡剪出口高程可判断同期滑坡是否发生滑动,然而藕塘滑坡发生过多次滑动且具有多级滑坡沿同一软弱夹层继承式下滑的特征,使得二级滑坡范围内越是早期形成的前缘堆积平台越是难以保持初始高程。因此,完全以藕塘区域内平台高程来联系对比河谷演化时期发育水平状地形高程仍不够准确,只有在历史时期未发生过滑动或河流直接侧蚀形成且后期未被滑体覆盖的平台才具有对比参考性。

2 河谷地貌过程与滑坡形成演化机制

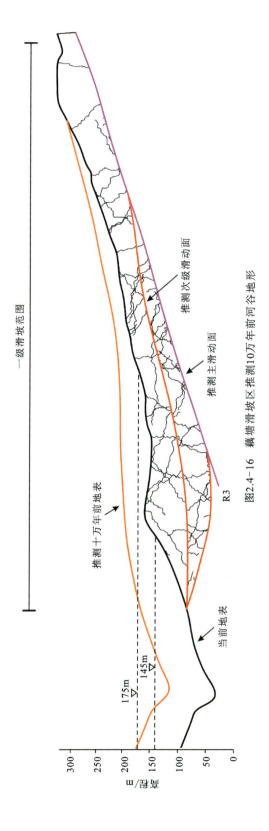

图2.4-16 藕塘滑坡区推测10万年前河谷地形

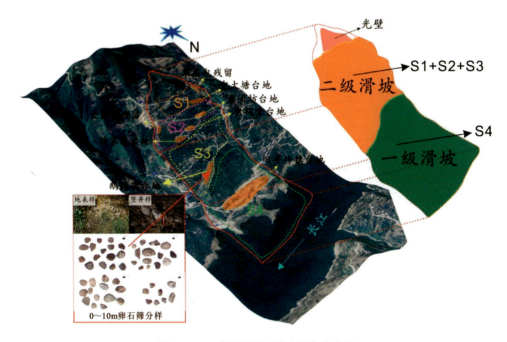

图 2.4-17　藕塘滑坡区域内平台分布图

调查研究发现，草屋包、大梁坪与鹅颈项区域平台符合研究要求。草屋包堆积平台高程 550～560m，下伏基岩高度约 540m，西侧紧邻山脊。因侧边阻滑效应，该处堆积物难以随着后续滑动降低高程，而是作为滑坡区域内最高的堆积平台保留至今，因此以草屋包平台高程为滑坡滑动发生的高度下限，说明滑坡首次滑动前缘失稳高程应在 550m 或更高处。根据高程判断此时河谷演化应处于云梦期，夷平面高程为 500～700m。大坪梁区域高程 480～485m，为典型河流侵蚀平台，该处地势平缓、下部基岩近乎直接出露且岩层产状未发生扰动，说明该处未发生滑动，为河流侧蚀作用形成的平台。大梁坪往东还连续分布有老油坊平台，老油坊平台基座高程为 495～505m，该高程平台连续性较好且产状平缓，说明为滑坡前缘堆积形成。结合以上两点可以作出河谷演化下切至 500m 高程时滑坡发生了第二次滑动的推论。前期已对鹅颈项平台堆积物进行颗粒分析及测年试验，结果表明平台成因为河流侵蚀，由此推断当时河谷下切至 270～300m 高程，滑坡发生第三次滑动。

河谷演化对地貌的影响范围横跨两岸，长江南岸多为顺向坡结构，斜坡稳定性差，原始地形留存率较低；而江北岸坡多为逆向坡结构，能更好地保留受河流侧蚀形成的层状水平地貌，故选择长江北岸为研究区域并开展地形高程调查。

将江北对应基岩平台按高程大致分为 3 组：黄海高程 270～300m（简称 PT1 系列），西起苏家屋基东至仙女村共发现 9 个台地；黄海高程 390～400m（简称 PT2 系列）；黄海高程 480～510m（简称 PT3 系列），西起新房子东至堰塘坪共发现 9 个台地（图 2.4-18）。各平台地理位置信息及高程见表 2.4-5。

2 河谷地貌过程与滑坡形成演化机制

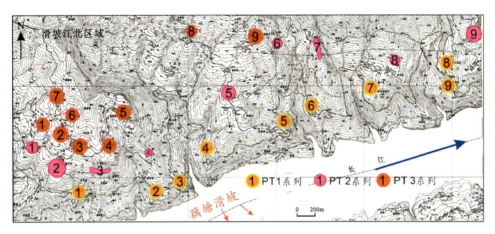

图 2.4-18 藕塘滑坡北岸各级平台分布图

表 2.4-5 藕塘滑坡北岸平台统计表

区域编号	平台位置	平台高程/m
PT1-1	苏家屋基	280～292
PT1-2	李家坪	270～280
PT1-3	红石碑北侧台地	270
PT1-4	簸箕坪	270～290
PT1-5	汪家梁东部平台	270～290
PT1-6	陈家湾东南向平台	270～290
PT1-7	乔家庙梁子西侧	290～300
PT1-8	下王家坪	290～300
PT1-9	仙女村台地	260～280
PT2-1	老房子	390～410
PT2-2	荒石岗	390～410
PT2-3	茅草屋北侧	410
PT2-4	狮子包	405
PT2-5	白湾子西侧	402
PT2-6	长梁子	406
PT2-7	大水淌	400～405
PT2-8	垭合里北侧	380～390

· 77 ·

续表 2.4-5

区域编号	平台位置	平台高程/m
PT2-9	王家坪	390～405
PT3-1	新房子	480
PT3-2	学堂	480
PT3-3	包上	475～85
PT3-4	杨家旁	90～505
PT3-5	杨柳湾	480～490
PT3-6	横槽	520
PT3-7	大槽	510～520
PT3-8	堰塘坪	500～510
PT3-9	仙女	510

由图 2.4-18 与表 2.4-5 可知,沿长江北岸区域在高程 270～300m、390～400m 与 480～510m 范围内皆分布平台,说明河谷位于以上高程时期对两岸侧蚀效应强烈并形成层状水平地貌,而强烈的侧蚀作用会导致南岸顺层结构中软弱夹层暴露并持续受到流水淘蚀,在岸坡前缘临空条件下降低岸坡整体抗滑强度从而引发滑动。除藕塘滑坡范围内,北岸平台分布也符合河谷地貌演化与滑坡形成发育规律,说明区域性地貌改造作用时期如夷平面与阶地形成时期伴随强烈的河流侧向侵蚀效应,为库岸大型滑坡形成的诱发条件。而受河流侧蚀效应形成的平台能为研究滑坡失稳时前缘剪出口高程提供依据。

根据现有勘查监测数据与滑坡三维地质结构模型,参考长江三峡奉节段的河谷地貌演化过程背景,提出如下藕塘滑坡形成演化过程模型。如图 2.4-19 所示,在藕塘滑坡形成演化初始阶段 1,长江河谷位于高程 650m 左右,当时河流侵蚀下切至 R3 软弱夹层,其上覆岩土体沿着该软弱夹层发生滑动,形成 S1 滑体(图 2.4-20)。受地层层面的倾向与倾角控制,河流进一步向北同时下切侵蚀。当河谷侵蚀至 500m 高程时,又侵蚀至 R3(东侧 R2)软弱夹层,由于坡脚临空,其上岩土体下滑形成 S2 滑体。此时,前期滑动的 S1 滑体与 S2 滑体共滑动面,于是 S1 跟随 S2 发生滑动(图 2.4-21、图 2.4-22)。与上述过程类似,当河谷下切至 300m 高程左右时,形成 S3 滑体,S2 滑体与 S1 滑体跟随 S3 滑体沿着 R3(东侧 R2)软弱夹层发生滑动(图 2.4-23、图 2.4-24)。随后,在阶段 7,受区域构造抬升运动减弱,河流下切速度与流速减缓,河谷开始物质堆积过程(图 2.4-25、图 2.4-26)。随着河谷进一步下切至 100m 高程左右时,河流侵蚀至 R5(东侧 R4)软弱夹层,S4 滑体发生滑动(图 2.4-27)。由于 S4 滑体与 S1+S2+S3 滑体不共滑面,该次滑动并未造成 S1+S2+S3 滑体跟随滑动。经过上述多期次继承滑动过程,随着长江河谷持续下切,如图 2.4-28 所示的藕塘滑坡区域当前地貌与地质结构形成。

2 河谷地貌过程与滑坡形成演化机制

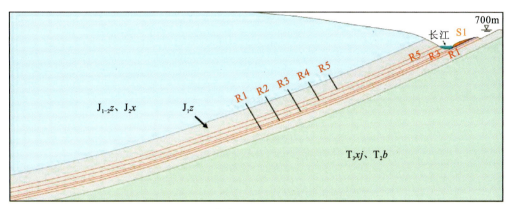

图 2.4-19　藕塘滑坡形成演化初始阶段 1

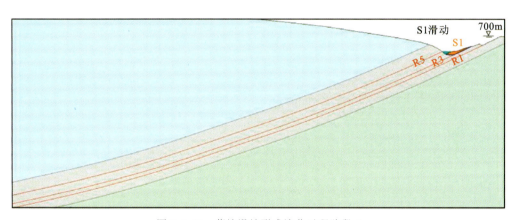

图 2.4-20　藕塘滑坡形成演化过程阶段 2

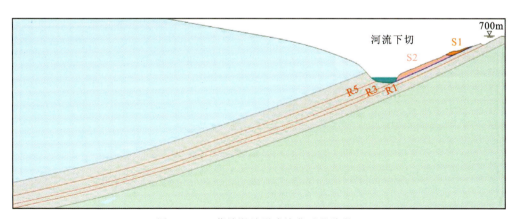

图 2.4-21　藕塘滑坡形成演化过程阶段 3

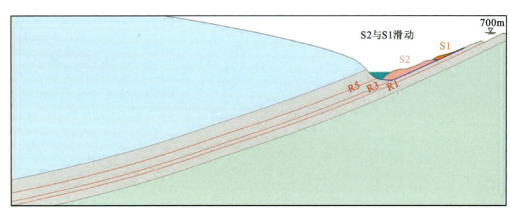

图 2.4-22　藕塘滑坡形成演化过程阶段 4

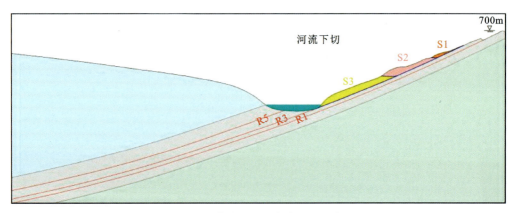

图 2.4-23　藕塘滑坡形成演化过程阶段 5

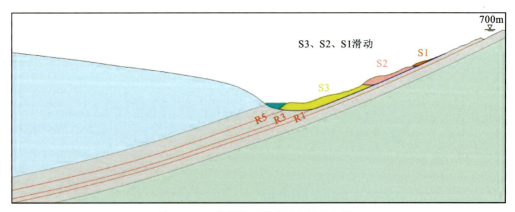

图 2.4-24　藕塘滑坡形成演化过程阶段 6

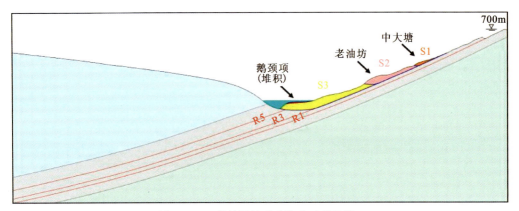

图 2.4-25 藕塘滑坡形成演化过程阶段 7

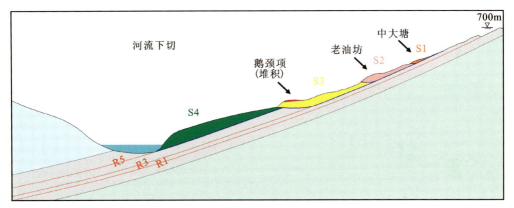

图 2.4-26 藕塘滑坡形成演化过程阶段 8

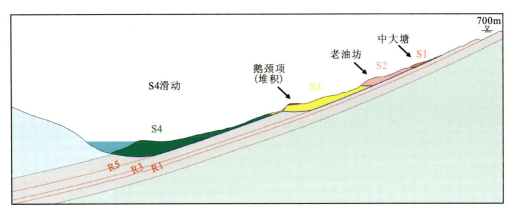

图 2.4-27 藕塘滑坡形成演化过程阶段 9

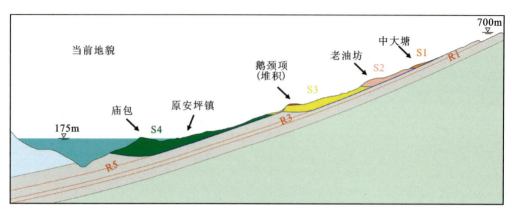

图 2.4-28　藕塘滑坡形成演化过程阶段 10

3 滑坡岩土体物理力学性质

3.1 成分与结构特征

3.1.1 一级滑坡滑体

一级滑坡的滑体结构大致可分为 4 层,从上至下特征描述如下。

(1)素填土(Qh_4^{ml})。黄褐色,稍湿,稍密,主要由粉质黏土夹砂岩、泥岩碎块石组成。块石块径 1~35cm,土石比约 7:3,回填时间 4~10a。

(2)粉质黏土夹碎块石(Qh^{del})。灰褐色、黄褐色,稍密,稍湿,主要由粉质黏土夹砂岩、粉砂岩及黏土岩碎块石组成。粉质黏土呈可塑或硬塑状,块石块径 1~40cm,多呈棱角状或次棱角状,土石比 8:2~6:4。该层零星分布于一级滑坡表层,厚 3~20m,连续分布于滑体前缘一带,中后缘可见零星分布,前缘临长江较厚,中后缘斜坡上较薄。

(3)块碎石土(Qh^{del})。黄褐色,主要为砂岩、粉砂岩及黏土岩碎块石夹少量粉质黏土。块石块径 1~75cm,局部达 110cm,多呈棱角状或次棱角状,粉质黏土呈可塑状或硬塑状,块石含量一般为 45%~90%。该层广泛分布于一级滑坡表层,厚 3~25m,总体自北向南由厚变薄。

(4)碎裂岩体(Qh^{del})。以灰色、灰褐色为主,浅褐黄色次之,主要由砂岩、粉砂岩、黏土岩块石组成,局部层间夹少量黏土。该层下伏于块碎石土层之下,厚度总体由西向东、自北向南由厚变薄,一般厚度 10~85m,最大超过 110m。

3.1.2 一级滑坡滑带

一级滑坡滑带厚度分布不均匀,从后缘至前缘由薄变厚,泥化状黏土岩含量减少、碎块石增多,由东至西、从南向北埋深逐渐增大。

(1)软弱层 R4。位于西侧,组成物质为灰色、灰白色薄层粉砂岩,偶见细砂岩与黏土岩互层出现,厚 0.5~1m。现场勘查中并未发现其有出露。

(2)软弱层 R5。位于东侧,组成物质与 R4 相同,地表未发现其出露。从揭露滑带顶界到底界,滑带土真厚度约 11.9m。硐深 177.0~180.0m 的滑带顶界为一层厚 40~70cm 黑色碳质黏性土,呈软塑—可塑状,下部干燥,多呈硬塑状,碳质黏性土中裹挟有砂岩碎石及白色高温结晶物,粒径一般为 2～20mm,具有一定磨圆度,多呈次棱角状或次圆状,可见碎石颗粒呈定向排列结构。

3.1.3 二级滑坡滑体

据本次勘查钻探、探井、探槽及平硐揭露,二级滑坡上的滑体主要由碎裂岩体组成,浅表分布粉质黏土夹碎块石,下部均由碎裂岩体组成,从上至下滑体结构特征如下。

(1)粉质黏土夹碎块石:以灰黄色为主,灰褐色次之,主要由粉质黏土夹少量砂岩、黏土岩碎石组成。粉质黏土多呈硬塑状,大部分砂感强,韧性差。随深度增加块石和碎石含量增多,碎块石成分以灰色、灰黄色长石石英砂岩为主,局部为深灰色、灰色黏土岩,结构较松散—中密,碎石块径一般为 5～130mm,含量 15%～35%,呈棱角状或次棱角状,主要分布于滑体表层前缘及中部,后缘零星分布。

(2)碎裂岩体为灰色、深灰色,母岩为中细粒中厚层状的砂岩、粉砂岩、黏土岩夹少量深灰色碳质页岩。分布于整个二级滑体,钻孔揭露厚度 6～63m,岩芯较破碎,多呈碎块状、短柱状。

3.1.4 二级滑坡滑带

据钻孔、探井和探槽揭露,二级滑坡沿着软弱夹层 R2、R3、R4 滑动。

(1)R2 软弱夹层。位于西侧,岩性组成为灰黑色黏土岩夹薄层页岩,为灰褐色中厚层状细砂岩夹软弱层,软弱层厚度 0.5～0.8m。经现场勘查发现 R2 软弱夹层在后部东侧石板坡区域出露,并在刘家包至老祠堂一带堆积。

(2)R3 软弱夹层。位于中部,组成物质为灰褐色黏土岩夹薄层页岩,在滑坡后缘狮子包、十字包区域,于老油坊、中大塘及草屋包附近区域发现该软弱夹层与滑体堆积物。

(3)R4 软弱夹层。位于东侧,组成物质为灰色、灰白色薄层粉砂岩,偶见细砂岩与黏土岩互层出现,厚 0.5～1m。现场勘查中并未发现其出露。

滑坡后缘滑带以灰黑色黏性土为主,中部至前缘滑带物质主要由泥化碳质黏土岩、黏土岩夹碎石角砾组成,滑动挤压强烈,上下界面可见黏性土夹碎屑条带,黏性土多呈灰黑色、深灰色,黏粒含量 60%～80%,粘手,软塑状或可塑状,泥化现象明显,遇水极易软化,而所夹碎屑条带主要为砂岩、粉砂岩碎颗粒,粒径一般为 0.5～6cm,挤压碾磨强烈,多呈次棱角状,少数具一定磨圆并呈定向排列,镜面及擦痕清晰。

藕塘滑坡的滑床基岩均为珍珠冲组下段(J_1z^1)的灰—深灰色中—厚层状细—中粒砂岩组成,局部夹碳质页岩或灰—深灰色黏土岩。

3.2 基本物理力学性质

研究藕塘滑坡滑体、滑带土及滑床的基本物理力学性质是开展藕塘滑坡稳定性分析和演化力学机制分析的重要基础。

3.2.1 滑带基本物理力学性质

滑带剪切力学性质对滑坡稳定性具有控制性作用,滑坡抗剪强度是评价其稳定性的重要依据。据勘探钻孔、探井、探槽和平硐揭露滑带土埋藏深度及特征,藕塘滑坡滑带主要分为浅部滑带土和深部滑带土。参考多次滑坡勘查数据,依据室内试验、野外大尺寸剪切试验、工程地质类比3种方法综合确定滑带土抗剪强度参数建议值如下。

1)浅部滑带土抗剪强度参数建议值

(1)天然状态。黏聚力16.5~18.6kPa,内摩擦角12.5°~15.3°;

(2)饱和状态。黏聚力15.2~17.2kPa,内摩擦角8.4°~10.5°。

2)东侧和西侧浅表变形区抗剪强度参数建议值

(1)天然状态。重度19.5~20.05kN/m³,黏聚力14.2~16.5kPa,内摩擦角13.5°~15.5°;

(2)饱和状态。重度21.25~22.5kN/m³,黏聚力12.5~13.6kPa,内摩擦角10.5°~13.1°。

3)深部滑带土抗剪强度参数建议值

(1)一级滑坡。①天然状态:重度22.5~23.8kN/m³,黏聚力14.5~15.8kPa,内摩擦角14.5°~15.8°;②饱和状态:重度24.8~26.5kN/m³,黏聚力12.3~13.6kPa,内摩擦角12.34°~13.24°。

(2)二级滑坡。①天然状态:重度18.5~20.6kN/m³,黏聚力22.3~24.85kPa,内摩擦角19.33°~21.25°;②饱和状态:重度21.5~23.5kN/m³,黏聚力20.38~22.56kPa,内摩擦角17.5°~18.57°。

同时,依据前期南江水文地质工程地质队藕塘滑坡勘查报告及后期室内滑带土颗粒分析试验,滑带土粒度可分为以下几个部分:

(1)滑带顶界面。角砾含量25.8%,砂粒含量14.5%,粉粒含量24.3%,黏粒含量35.3%。

(2)滑带底界面。砂粒含量20.2%,粉粒含量26.7%,黏粒含量53.1%。

(3)东侧滑带土。砂粒含量19.5%~33.9%,粉粒含量29.6%~43.6%,黏粒含量36.5%~36.9%。

(4)西侧滑带土。角砾含量46.1%~78.50%,砂粒含量15.1%~20.0%,粉粒含量1.5%~15.3%,黏粒含量23.5%。

3.2.2 滑体土重度及抗剪强度

考虑到滑体中土石比及土体内孔隙发育状态以及碎裂岩体裂隙发育程度,同时参考藕塘滑坡勘查报告中提供的滑体和东西部较严重变形区抗剪强度参数值,滑坡区内上部土层较多,但重度相差不大,故将上部土体统一进行考虑;下部碎裂岩体的重度大于上部土体的重度。因此将碎裂岩体的重度单独考虑取值,经综合分析确定如下:

(1)滑体土天然重度取18.5~20.1kN/m³,饱和重度取20.5~22.4kN/m³。

(2)碎裂岩体天然重度取22.3~25.0kN/m³,饱和重度取24.5~26.3kN/m³。

藕塘滑坡滑体土中含有大量大块石及碎石,块碎石含量多达50%以上,因此对 φ 值乘以 1.20 的增大系数,结合现场大尺寸剪切试验值和室内试验值,同时参考补充勘查报告提供的参数值,提出滑体土 c、φ 建议值如下：

(1)天然状态滑体土 $c=25.5\sim 27.3$ kPa,$\varphi=20.5°\sim 22.5°$,碎裂岩体 $c=33.5\sim 37.0$ kPa,$\varphi=22.5°\sim 26.5°$。

(2)饱和状态滑体土 $c=22.5\sim 24.4$ kPa,$\varphi=18.5°\sim 20.0°$,碎裂岩体 $c=27.5\sim 32.4$ kPa,$\varphi=20.3°\sim 24.6°$。

3.2.3 基岩抗压与抗剪强度

藕塘滑坡滑床由下侏罗统珍珠冲组下段(J_1z^1)的灰—深灰色中—厚层状细—中粒砂岩组成,局部夹碳质页岩或灰—深灰色黏土岩。前缘滑床主要由厚层状粉砂岩,局部含泥质组成；中部及后缘由中厚层状细砂岩组成,多夹碳质页岩或黏土岩。

试验得出滑床基岩物理力学参数如下：平均天然密度 2.72g/cm³,天然单轴抗压强度平均值 52.3MPa,标准值 49.3MPa,饱和单轴抗压强度平均值 40.0MPa,标准值 33.8MPa,天然抗拉强度 4.28MPa,黏聚力 8.3MPa,内摩擦角 41.7°,天然弹性模量 1.88×10^4 MPa,天然泊松比 0.19。

3.3 基于环剪试验的滑带土剪切力学特性

滑坡变形演化过程往往经历了大位移滑动,滑带土在剪切大变形中的力学性质也是不断演化的,而滑带土剪切力学性质的演化又直接影响着滑带强度与滑坡稳定性的演化。因此,研究滑带的剪切力学特性是揭示演化机理的重要力学基础。

为探究藕塘滑坡滑带剪切大变形过程力学行为,研究滑坡滑带剪切大变形的力学特性,分析滑带强度时空演化特性及规律,进一步评价藕塘滑坡长期稳定性演化过程,本研究采用 VJT5600A 型环剪仪开展藕塘滑坡滑带土残余强度环剪试验。

试验所用滑带土取自藕塘滑坡 1# 排水洞 C 支洞,位于藕塘一级滑坡体滑带位置。根据环剪仪规格[图 3.3-1],试验所需试样为环形,其中试样外环直径为 100mm,内环直径为 70mm,试样高度为 5mm,有效剪切面积为 40.035cm²。高精度电机可准确控制试验所需的轴向荷载与剪切速率,且两者可跳跃或线性增加。该仪器所提供的最大轴向压力为 4kN,最大剪应力为 1000kPa,最大剪切速率为 32mm/min。剪应力、法向应力均可由安装在加压系统中的传感器来测定,试验获取的数据可通过全自动采集装置传输至计算机。

首先将滑带土样品置于 105℃ 环境下烘干 8h 以上,碾碎后再过 2mm 筛并取其中小于 2mm 部分,根据干密度与剪切盒体积计算得到相应含水质量,配制成所需的目标含水率状态,之后用聚乙烯塑料袋密封放置 24h 以上。考虑到反映工程实际情况,制备土样时控制干密度与含水率原状土一致,即制备干密度为 1.84g/cm³,3 种不同含水率(15% 含水率、19% 天然含水率与 23% 饱和含水率)的重塑土样进行环剪试验。根据取样滑带土的应力状态并考虑试验条件,设置法向固结压力为 400kPa,固结压力通过砝码施加。固结试样时,采用百分表实时测量固结沉降量,待每小时沉降量小于 0.005mm 时,即可认为固结变形稳定;固结稳定后设置试验所需剪切法向应力,开始剪切,传动装置以恒定速率转动剪切盒下盒,以在土中形成剪切面,剪切时剪应力由数据采集装置以 10s 间隔采集。环剪试验方案如表 3.3-1 所示。

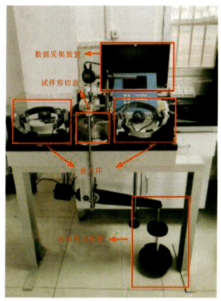
(a)环剪仪设备

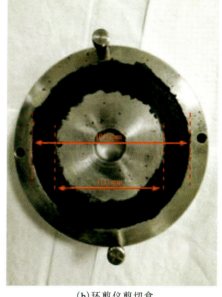
(b)环剪仪剪切盒

图 3.3-1　VJT5600A 型环剪仪

表 3.3-1　藕塘滑坡滑带土环剪试验方案

编号	含水率/%	法向固结压力/kPa	法向应力/kPa	剪切速率/(mm·min^{-1})
RDS1-1	15	400	100、200、300、400	1.2
RDS1-2	19		100、200、300、400	
RDS1-3	23		100、200、300、400	
RDS2-1	15		100、200、300、400	0.6
RDS2-2	19		100、200、300、400	
RDS2-3	23		100、200、300、400	

环剪试验得出 24 组滑带土剪应力-剪切位移曲线(τ-u 曲线)如图 3.3-2 所示。对每个滑带土试样进行了 50mm 的大位移环形剪切试验,剪切至大约 20mm 以后,剪应力开始保持稳定,可认为滑带土剪切至该状态时已基本进入残余强度状态。试样在大位移状态下进行剪切目的是获得滑带土完整的剪切变形破坏全过程曲线。由 24 组试验曲线可知,试验成果相对而言是较理想的。

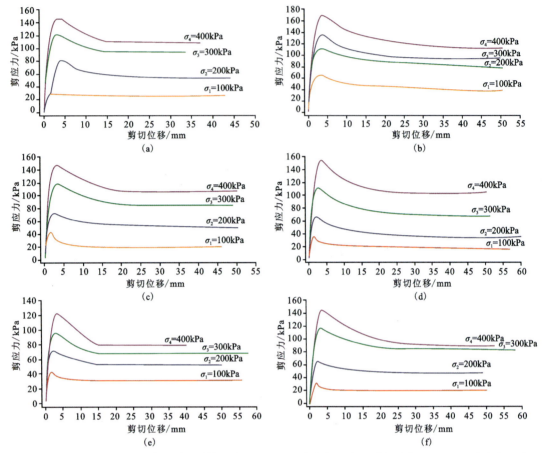

(a)剪切速率0.6mm/min、含水率15%；(b)剪切速率1.2mm/min、含水率15%；(c)剪切速率0.6mm/min、含水率19%；(d)剪切速率1.2mm/min、含水率19%；(e)剪切速率0.6mm/min、含水率23%；(f)剪切速率1.2mm/min、含水率23%

图3.3-2　不同含水率、不同剪切速率下藕塘滑坡滑带土环剪试验剪应力-剪切位移曲线

根据库仑公式计算求得藕塘滑坡滑带土24组环剪试验结果的强度指标参数见表3.3-2。

表3.3-2　藕塘滑坡滑带土抗剪强度指标结果

剪切速率/(mm·min^{-1})	0.6			1.2		
含水率/%	15	19	23	15	19	23
峰值内摩擦角/(°)	20.8	19.3	14.6	18.3	21.3	21.3
残余内摩擦角/(°)	15.6	15.6	9.09	13.3	16.2	14.03
峰值黏聚力/kPa	2.32	6.0	17.12	14.6	17.27	26.82
残余黏聚力/kPa	0.39	7.39	17.39	11.0	7.46	21.38

图3.3-3展示了内摩擦角与含水率的变化关系。由图可知，在低剪切速率(0.6mm/min)条件下峰值与残余内摩擦角都随含水率的增大而减小；在高剪切速率(1.2mm/min)

条件下峰值与残余内摩擦角随含水率的增大表现出先增大后减小的趋势。综合分析,在高速率条件下存在一个最优含水率对应一组最大内摩擦角的规律。综上可知,藕塘滑坡滑带土的峰值内摩擦角为 $18.00°\sim21.00°$,峰值黏聚力为 $14.00\sim17.00$kPa;残余内摩擦角为 $13.00°\sim16.00°$,残余黏聚力为 $7.00\sim11.00$kPa。该滑带土在剪切变形破坏过程中强度的衰减主要表现在黏聚力的大幅度降低,这是由剪切面形成、黏性土黏结作用基本消失造成的。

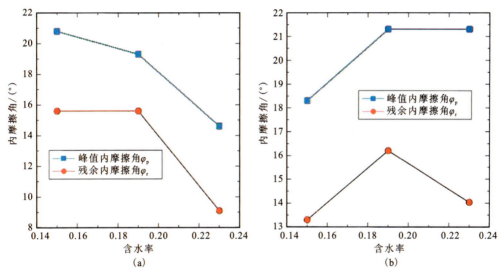

图 3.3-3　0.6mm/min(a)与1.2mm/min(b)下峰值和残余内摩擦角-含水率变化曲线

3.4　基于大尺寸剪切试验的滑带土剪切力学特性

滑带土的土石混合体是由块石、细粒土、水和孔隙共同组成的一种特殊的工程地质体,其特点是地质成因复杂、组成成分多样和结构极端不均匀等。因此土石混合体的物理力学性质十分复杂,地质灾害频发。针对不同含石率对滑带土蠕变特性的影响,研究藕塘滑坡滑带土的蠕变特性,通过分级加载得到变形量与时间的关系曲线,并建立其蠕变模型,研究滑带土的力学性质、探索滑坡的蠕变过程。

藕塘滑坡滑带土大尺寸直剪蠕变试验主要是通过研究不同粗颗粒含量对滑带土蠕变的影响,得到藕塘滑坡滑带土在不同粗颗粒含量下的变形量,并研究粗颗粒含量对于蠕变位移随时间变化的关系。通过研究滑带土的蠕变特性、分析蠕变试验数据得到滑带土蠕变规律。

采用 RLW-1000 微机控制岩石直剪流变试验机。仪器的最大法向试验力为 1000kN,误差小于等于 $\pm1\%$;法向活塞位移测量及控制范围为 $0\sim100$mm,轴向变形测量范围为 $0\sim25$mm,误差小于等于 $\pm1\%$;加载速率范围:试验力为 1N/s~100kN/s,位移为 $0.001\sim1$mm/s;控制方法可以设置为试验力控制或位移控制;横向剪切系统最大横向试验力为

500kN,误差小于等于±1‰;横向活塞位移测量及控制范围为0~100mm,剪切变形测量范围为0~50mm,误差小于等于±1‰;试验力加载速率范围为1N/s~100kN/s,位移加载速率范围为0.001~1mm/s;横向可通过试验力或位移控制,且两种控制方法可以在试验过程中无冲击转换。

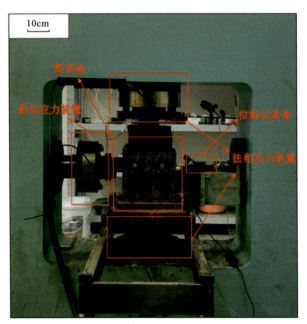

(a)RLW-1000微机控制岩石直剪流变试验机主体

 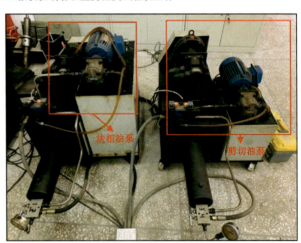

(b)RLW-1000微机控制岩石直剪流变试验机控制器

图3.4-1　RLW-1000微机控制岩石直剪流变试验机

试验方案及试验步骤如下(图3.4-2):

(1)制样。将滑带土试样自然风干碾散后烘干过20mm筛并搅拌均匀,根据不同粗颗粒碎石含量制取5个200mm×200mm×200mm样品。5个样品粗颗粒碎石含量分别为35%、40%、45%、50%、55%,所制样品含水率均为天然含水率。样品总质量密度为

$2.24g/cm^3$ 及体积为 200mm×200mm×200mm,可计算得到为 17 920g。由于尺寸效应,本次试验只考虑 20mm 以下粒径。

(2)装样。将不同粗颗粒含量的样品加入剪切盒中,上下剪切盒需要预留缝隙。

(3)固结。采用分级固结的方式,逐级增加法向应力使得试样固结更加充分。根据试验要求分为 5 级,前四级压力固结 2~3h,最后一级固结 7d。

(4)测定不同碎石含量的峰值抗剪强度 τ。装样后滑带土样品固结 7d 之后,测定固结完全后滑带土的峰值抗剪强度 τ。

(5)施加剪应力。当固结完成后,保持法向应力不变,施加第一级剪切应力,维持剪切应力不变,控制仪记录试样蠕变位移,记录时间间隔设置为 60s。当剪切位移趋于稳定后,增加剪应力到下一级,直至试样发生破坏。峰值抗剪强度为 τ,试验所施加的每级剪应力分别为 0.5τ、0.625τ、0.75τ、0.875τ、1τ。

图 3.4-2 滑带土的直剪蠕变试验制样过程

在试验中,每一级剪应力下滑带土试样的变形达到稳定的时间大概经历 2d 的时间,所以试验将每一级剪应力施加的时间设定为 2d,具体判断滑带土蠕变稳定的方式遵循《土工试验方法标准》(GB/T 50123—2019),取每 24h 内轴向应变的变化量小于 0.05‰。整理试验过程中采集的数据,以累计加载时间为 x 轴,以试样的剪切应变量为 y 轴,绘制了各含石率下的蠕变曲线。图 3.4-3 为藕塘滑坡 2#平硐 H 友洞掌子面不同含石率的滑带土大尺寸直剪蠕变试验结果总图。藕塘滑坡滑带土蠕变应变量随含石率增大大致表现出减小的趋势,在含石率达到 50%~55%时没有出现加速蠕变现象。

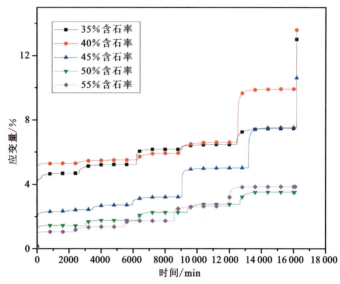

图 3.4-3　藕塘滑坡 2♯平硐 H 支洞掌子面不同含石率的滑带土大尺寸直剪蠕变曲线图

在滑带土的直剪蠕变试验中,滑带土试样的变形有 4 个阶段:①初始阶段。即在试样固结完成后施加剪应力的初期,试样出现较大的瞬时变形,这一部分的变形主要来自滑带土在受剪切力后瞬间产生的弹塑性变形,如图 3.4-3 中 40% 含石率试样,在一级剪应力时,滑带土试样初始阶段发生较大的瞬时变形。②衰减蠕变阶段。即在施加剪切力一段时间后滑带土的蠕变变形不断累积,但蠕变速率逐步降低,在该过程中滑带土土体结构和应力不断调整,最终蠕变速率趋近于零。40% 含石率试样在经历了初始阶段的瞬时变形之后的 40h 里只产生了 0.15% 的应变量。在本次试验中,当设置剪应力为非峰值剪应力时,都出现了衰减蠕变阶段,衰减蠕变阶段的最终蠕变速率趋近于零也是判断该阶段蠕变稳定的标准。③等速蠕变阶段。在较大的应力水平下,滑带土土体应变速率可能不会出现衰减到较为稳定的状态,而是以均匀的蠕变速率不断变形,并最终发生变形破坏。④加速蠕变阶段。当试样承受的剪切荷载远大于滑带土的峰值抗剪强度,试样的蠕变速率将会随时间快速增长,试样会在较短的时间内发生变形破坏。该滑带土试样在剪应力为 1050kPa 时发生加速蠕变,产生了剧烈变形。

由以上的滑带土直剪蠕变试验结果可知,藕塘滑坡滑带土具有明显的蠕变性质,含石率影响了滑带土的峰值抗剪强度,所以对蠕变性质也有明显的影响。滑带土的含石率与滑带土的峰值抗剪强度呈线性关系。在所有实验组中,当剪应力较小时,应变以瞬时变形为主,蠕变曲线表现为衰减型,衰减时间由含石率及剪应力强度决定,并且蠕变相对较快就可以达到稳定;剪应力的增大,蠕变达到稳定所需要的时间逐渐增加,减速蠕变所需要的时间增加;在同一含石率的情况下,剪切应力达到峰值抗剪强度左右时,蠕变曲线过渡为加速蠕变阶段,试样发生加速破坏。

试验法向压力参考取样点滑带土滑体地层覆盖压力 1328kPa,试验结果通过处理后根据等时应力-应变曲线拐点法得到不同含石率下藕塘滑坡滑带土长期强度分别为768.75kPa、778.13kPa、802.5kPa和825kPa,藕塘滑坡滑带土的长期强度与含石率在处于40%~55%时呈正相关关系,即含石率的增加,长期强度增大。

3.5 滑带土干湿循环劣化试验

受到库水位升降的影响,藕塘滑坡滑带土处在干湿循环作用下,土体含水率处于交替变动状态,从而导致土体的物理性质产生变化。经过多次干湿循环作用后,藕塘滑坡滑带土总体表现出强度降低的特征。为了分析水库蓄水以及后期库区运行期间,藕塘滑坡滑带土的物理力学特性劣化规律及其对滑坡变形的影响,通过直剪试验得到重塑滑带土试样的剪切力与剪切位移的关系曲线,研究干湿循环下滑带土抗剪强度的变化特征。

首先,对天然土样进行完全烘干处理,即在105℃温度下烘干,直至持续3h烘干样品质量不发生变化(烘干全过程大约24h)。用2mm土壤筛对烘干的样品进行筛分处理作为试验材料。将试验土体调配为含水率为11%的天然含水率湿土,采用击实法制样。样品体积为61.8cm³,密度控制在1.98±0.02g/cm³。

为了探究水库库水位波动条件下滑带土强度变化效应,开展干湿循环试验,具体步骤如下(图3.5-1):

(a)制样器

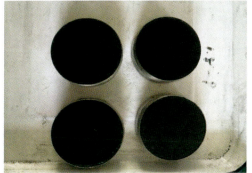
(b)滑带土重塑环刀样

(c)样品固定于饱和架

(d)样品静置于水中

图3.5-1 干湿循环试验主要环节

(1) 选择重塑样进行试验,将样品分为两大组,每大组分为7个小组,每个小组有4个重塑环刀样。

(2) 将重塑样放置在饱和器中,并用质量为样品总质量3倍的蒸馏水沿缸壁缓慢倒入水缸中。在室内自然条件下密封水缸并拍照记录。

(3) 第一大组试验组(干燥至饱和组)中,将7个小组的样品试样在水中浸泡24h,取出并拍照。然后将样品放入105℃的烘箱中完全烘干。第二大组试验组(天然至饱和组)中,将7个小组的样品试样在水中浸泡24h,取出并拍照。采用低温(40℃)烘干法模拟土体的脱水过程,当土样达到控制含水率为11%(天然含水率)的质量时停止脱水。

(4) 从两个大组中各取出第一个小组的样品,将其送至饱和缸中进行真空饱和,饱和结束后进行直剪试验以测量抗剪强度和内摩擦角等力学参数。剩余6个小组的样品将继续在饱和器中固定并浸泡。

(5) 重复步骤(2)~步骤(4),以获得不同循环幅度和抗剪强度参数之间的关系。

(6) 两种工况各进行3次试验。

三峡库区水库滑坡受环境影响较大,库水位的升降、降雨和蒸发的交替对滑带土抗剪强度存在较大的影响,探究干湿循环幅度和干湿循环次数共同作用下滑带土抗剪强度变化规律具有重要意义。在不同干湿循环次数条件下,直剪试验结果如图3.5-2、图3.5-3所示。

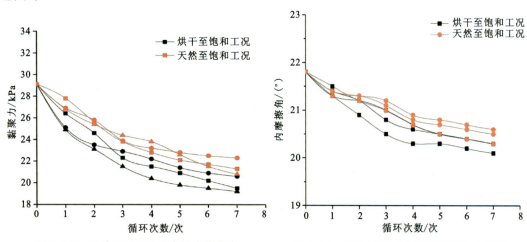

图3.5-2 两种工况下黏聚力的劣化曲线　　图3.5-3 两种工况下内摩擦角的劣化曲线

由图3.5-2和图3.5-3分析可得,随着干湿循环次数的增加,滑带土的黏聚力c值逐渐减小,其中前4次干湿循环对c值的影响最为显著。经过5次干湿循环后,c值的变化趋势趋于平缓。这表明前几次干湿循环导致土体颗粒间的黏结和胶结作用遭受严重破坏,从而导致滑带土的黏聚力显著下降。而内摩擦角φ值也随着干湿循环次数的增加呈现逐渐减小的趋势,但其衰减幅度明显小于黏聚力c值。在经历7次干湿循环后,φ值的变化说明干湿循环作用导致土体内部颗粒的形状、大小、密实度及颗粒间的接触形式等发生了变化,但变化幅度相对于黏聚力c值而言较小。此外,两种工况饱和含水率相同,循环幅度不同,对比两种工况可知,较大干湿循环幅度影响下黏聚力和内摩擦角劣化度更高。因此,干湿循环作用对土体内部黏聚力和内摩擦角的变化有着显著的影响,干湿循环次数越多,对土体胶结作用的破坏越严重,从而导致土体内部的黏聚力和内摩擦角均会下降。

3.6 滑带土非饱和力学试验

降雨与地下水位变化过程所引起的滑带土含水率变化是造成滑带土抗剪强度与滑坡稳定性变化的重要因素。土-水特征曲线(SWCC)是描述土体吸力与含水量的关系曲线,体现一定吸力条件下土体的持水能力,是非饱和土力学性质分析最基础的数据与函数。本次滑带土样品试验获取的 SWCC 曲线,在低吸力段、中吸力段与高吸力段分别通过压力板试验、盐溶液平衡试验与相对湿度控制试验,测试各吸力段滑带土样基质吸力与含水率关系离散数据点(表 3.6-1),进而拟合出全吸力范围 SWCC 曲线。

表 3.6-1 藕塘滑坡滑带土典型土-水特征曲线实验结果

基质吸力 u_a-u_w/kPa	体积含水率 θ/%
0	30.4
5	30.3
10	30.1
25	29.9
50	29.6
100	29.2
200	28.3
400	26.5
905	22.3
2672	16.1
4640	10.2
9780	6.1
14 509	4.1
30 730	2.3
70 349	1.2
126 188	0.8
221 646	0.5

将各吸力段试验获得的离散数据点整合,得到滑带土全吸力段基质吸力与含水率关系离散数据点。对各土-水特征曲线模型进行曲线拟合,结果见图 3.6-1。

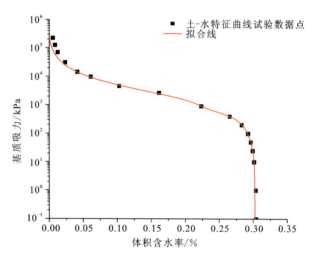

图 3.6-1　土-水特征拟合曲线图

根据拟合结果可得到藕塘滑坡滑带土的非饱和参数 α 和 n 分别为 0.020、1.120，即进气压力值约等于 50kPa。为测试滑带土在不同含水率状态下的强度性质，采用非饱和拉剪仪开展了土样在不同含水率及基质吸力状态下抗拉强度与抗剪强度测试。根据各向同性抗拉强度 σ_{tia}、单轴抗拉强度 σ_{tua} 和表观黏聚力 c 之间的关系，可将不同基质吸力下测得的吸应力通过理论公式换算为无正应力下的抗剪强度 τ_2，并与实际试验测得的无正应力下的抗剪强度 τ_1 对比，结果见表 3.6-2。

表 3.6-2　滑带土全吸力段抗拉与抗剪强度试验结果对比　　　　　　　　　　单位：kPa

基质吸力 u_a-u_w	单轴抗拉强度 σ_{tua}	吸应力实测值 σ^s	抗剪强度预测值 τ_2	抗剪强度实测 τ_1 值
0	46.031	0	33.211	32.319
200	59.382	25.775	42.844	43.334
400	76.645	59.141	55.299	57.322
905	93.102	90.911	67.173	70.765
2672	122.817	148.276	88.612	91.639
4640	146.331	193.670	105.577	102.937
9780	169.411	238.226	122.230	124.932
14 509	188.262	274.618	135.831	136.589
30 730	218.564	333.116	157.693	153.768
70 349	249.444	392.730	179.973	182.113
126 188	267.381	427.357	192.915	195.586
221 646	279.800	451.332	201.876	204.961

由上述数据可见,滑带土的单轴抗拉强度随着吸力增大而呈非线性单调增大,可至 279.8kPa,相应的吸力为 221.6MPa,吸应力为 656.8kPa。当吸力为零,即土体完全饱和时,土样的抗拉强度仍有 46.0kPa,这部分强度与土饱和状态的黏聚力有关。抗剪强度通过吸应力实测值换算得到的预测值 τ_2 同抗剪强度实测值 τ_1 接近。对抗剪强度实测值和预测值进行线性拟合,结果见图 3.6-2。

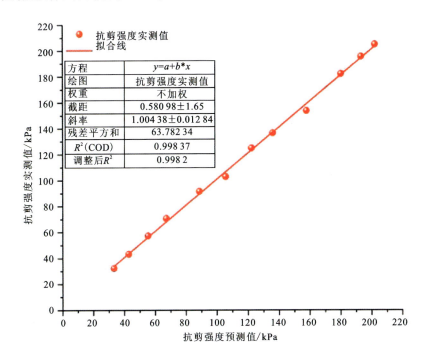

图 3.6-2 滑带土全吸力段拉剪试验数据拟合线

抗剪强度实测值与预测值数值拟合线的相关性系数为 0.998 2,斜率为 1.004 38,抗剪强度预测值几乎和实测值一致。因此提出在现实中可以基于滑带土饱和状态下的黏聚力、内摩擦角以及吸应力曲线预测非饱和状态下的抗剪强度。

4 滑坡变形特征与破坏模式

4.1 藕塘滑坡现场监测数据分析

藕塘滑坡自 2009 年三峡水库蓄水后出现变形,其稳定性关乎所在地居民的安全及长江航道的畅通,因此引起了相关部门的高度重视。所在地政府部门先后委托多家单位开展相关监测工作,主要监测内容包括库水位及降雨量监测、深部位移监测、裂缝监测、GNSS 地表水平位移监测、钻孔地下水位监测和排水洞水流量监测。本章基于藕塘滑坡的多源监测数据分析藕塘滑坡变形特征。

4.1.1 GNSS 形变监测分析

藕塘滑坡共布设 GNSS 监测点 25 个,另有 3 个基准点(TN01、TN02、TN05)布置于东、西两侧稳定山脊上。所有监测点于 2017 年完成自动化改造,实现全天候专业监测。监测点空间分布及 2017—2020 年位移矢量见图 4.1-1。

一级滑体的变形主要集中在东、西部变形区和后缘山体。其中,西部变形区位于早期抗滑桩治理工程的外侧,一级滑体中 MJ01 监测点水平位移量和垂直沉降量最大;而位于东部变形区的 FJOT03 监测点水平变形程度最小。在一级滑体的后缘中部,FJOT05 监测点的水平位移量大于东部变形体后缘的 MJ14,但垂直沉降量却小于东部变形体后缘。地形显示,东部变形体外侧紧邻东部冲沟,存在侧向临空区,临空区提供了更大的沉降空间。一级滑体前缘区域各监测点的变形程度均小于后缘,表明一级滑体主要是受后缘推动的推移式滑坡;滑体前缘靠近长江区域的变形量略大于中部,说明前缘在库水影响下可能出现一定的塌岸变形。从一级滑体各监测点的变形方向来看,位于东部的 MJ09、MJ10、MJ14、FJOT03 监测点的变形方向多朝北东方向,并在 4 年间逐渐向东偏转;而位于中部和西部的 MJ01、MJ06、MJ13、FJOT02、FJOT05 监测点的变形方向多朝北西方向,并在 4 年间逐渐向西偏转。

二级滑体的变形特征显著,共包括 3 个序次。S3 序次滑体主要构成双大田平台和鹅颈项平台。在双大田平台,滑坡变形受一级滑体西侧区域的影响,前缘变形方向逐渐转为北西,而中后部由于西侧山脊的约束,变形方向偏向北东。相比之下,鹅颈项平台的变形更为明显,尤其受到一级滑体东侧变形区的影响,使其在平面上的形态呈现出东、西两侧的不

4 滑坡变形特征与破坏模式

图 4.1-1 藕塘滑坡监测点空间分布及 2017—2019 年位移矢量图

对称性。ATU03 和 ATU05 监测点，变形程度最为显著。S2 序次滑体主要构成老祠堂平台，该区域的变形特征也很明显，尤其是后缘的变形大于前缘。西部的滑坡堆积物在后续滑动过程中已经流失，因此变形程度相对较小。S1 序次滑体主要构成草屋包鼓丘，该区域的变形也具有独特性，后缘沉降变形明显大于前缘。中西部的变形方向主要指向北西，而东部则更偏向北东。这种方向上的差异显示出该区域滑坡变形机制的复杂性。

4.1.2 滑坡对降雨和库水位的响应特征

1. 滑坡对降雨的响应特征

为分析滑坡对降雨的响应特征,取暴雨年 2017 年的专业监测数据开展研究。该年滑坡区年降雨量达 1723mm,滑坡各监测点均出现实施监测以来的最大变形。

由变形曲线和原始数据可知,各监测点在强降雨事件的影响下均出现了 3 次典型的阶跃变形事件(图 4.1-2)。根据变形特点将 2017 年滑坡变形过程划分为 7 个阶段。阶段①:低速蠕变阶段。该阶段为 1—4 月枯水期,无强降雨事件出现,最大蠕变速率仅 0.13mm/d。阶段②。首次阶跃阶段。出现于"5·11"强降雨事件后,该日降雨量 237.5mm,最大日位移速率达 3.6mm/d,持续时间约 17d。阶段③:快速蠕变阶段。该阶段滑坡未出现明显的加速现象,但保持较高的蠕变速率,最大蠕变速率为 0.71mm/d。阶段④:二次阶跃阶段。出现在"7·7"强降雨事件后,该日降雨量为 116.0mm,最大日位移速率达 7.6mm/d,持续时间约 23d。阶段⑤:快速蠕变阶段。该阶段中后期出现的"9·9"强降雨事件(90mm+99mm)使蠕变速率明显增加,降雨前最大蠕变速率为 0.53mm/d,降雨后升至 0.96mm/d。阶段⑥:出现于"9·27"强降雨事件后(102.5mm),诱发滑坡出现变形幅度最大的阶跃事件,最大日位移速率达 18.13mm/d,持续时间约 33d。阶段⑦:低速蠕变阶段。11—12 月,随着雨季结束,最大蠕变速率下降至 0.36mm/d。

滑坡各监测点在 3 个阶跃变形阶段累积的位移量依次递增,以变形量最大的监测点 FJOT10 为例,在②、④、⑥阶段产生的位移量分别为 25.4mm、77.1mm、220.6mm,依次递增,与各阶段内的累积降雨量并非严格的线性关系。滑坡经历阶跃变形后会产生累积损伤效应,滑体内部的裂缝随整体变形逐步贯通导致抗滑力下降,整体稳定性降低。与此同时,贯通的裂缝会提高滑坡体的渗透系数,导致滑坡对降雨事件更加敏感,再次经历较小规模的降雨事件时便会引发新一轮的阶跃变形。西侧变形体 MJ01 在以图 4.1-2 中局部放大图 f 3 个阶跃阶段的变形量分别为 51.2mm、40.2mm、45.2mm,未随滑坡主体出现位移量递增现象,表明该区域仅出现浅部的土体滑移。阶段②、④、⑥的局部放大图显示,滑坡在阶跃变形过程中出现了多次加速-减速-加速循环,表明在阶跃阶段中滑坡的变形趋势会随降雨动态变化,如降雨停止滑坡逐渐减速进入蠕滑阶段,若出现降雨则再次转入新的加速周期;滑坡进入阶跃加速的时间点同标志暴雨事件存在明显的滞后时间,前缘堆积体的滞后时间较长(2~7d),后缘坡体的滞后时间较短(0~1d)。藕塘滑坡两级滑体的空间特征均为前厚后薄。降雨事件发生后,后缘区域雨水沿后缘岩体裂隙快速入渗,局部稳定性迅速下降,变形滞后时间较短,阶跃幅度较大;滑体前缘区域雨水沿第四系覆盖层的孔隙缓慢入渗,因此水位的抬升幅度较小,在受到后缘滑体变形产生的推移作用后才进入阶跃变形阶段,变形滞后时间较长。由上述分析可知,藕塘滑坡的变形速率同降雨密切相关,雨季期间滑坡的蠕变速率明显大于枯水期;极端暴雨事件会诱发滑坡进入阶跃变形阶段;阶跃变形过程中的降雨事件决定此次阶跃事件的变形量与历时;不同区域的变形滞后时间各有不同。

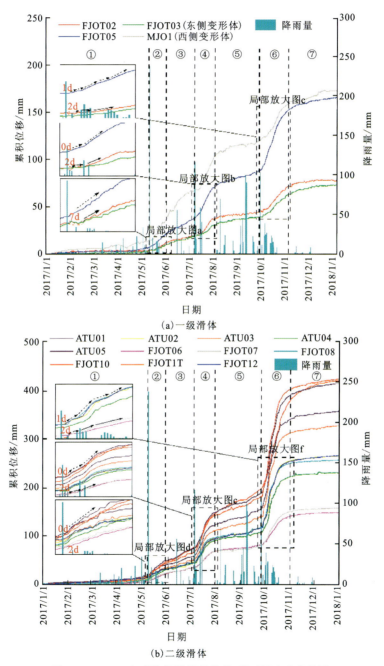

(a) 一级滑体

(b) 二级滑体

图 4.1-2 2017年藕塘滑坡累积位移-降雨量变化曲线图

2. 滑坡对库水位的响应特征

由藕塘滑坡的空间结构可知,一级滑体前缘涉水,为进一步了解藕塘滑坡一级滑体对库水位的响应特征,选取位于一级滑体的FJOT02(前缘)和FJOT05(后缘)监测点进行研究。为减少降雨对分析结果的干扰,提取少雨年(2018年1月至2020年6月)监测点的5d位移速率同库水位、降雨量等特征参数进行定量分析,结果见表4.1-1和图4.1-3。

根据库水位的升降情况可将全年划分为4个阶段:水位下降期(174.00m→145.00m)、水位低位波动期(145.00m↔156.00m)、水位上升期(145.00m→174.00m)和水位高位波动期(174.00m↔175.00m)。一级滑体前缘在水位下降期和水位上升期对库水位变化表现出明显的响应特征。

表4.1-1 藕塘滑坡一级滑体监测点位移增量及相关参数信息统计表

变形阶段		时间区段	FJOT02位移增量/mm		FJOT05位移增量/mm	库水位变化过程/m	库水位升降速率/(m·d⁻¹)	累积降雨量/mm	平均日降雨量/(mm·d⁻¹)
A1	①	2017.12.31—2018.3.22	6.41	>	4.31	175→161	−0.17	71.5	0.88
	②	2018.3.22—2018.4.30	1.33	<	3.39	161↔163	—	84.5	2.17
	③	2018.4.30—2018.6.11	7.09	<	17.01	161→145	−0.38	238	5.53
B1	①	2018.6.11—2018.7.5	1.99	<	9.87	145	—	59	2.46
	②	2018.7.5—2018.9.7	0.02	<	8.78	145↔156	+1~−0.5	74.5	1.16
C1		2018.9.7—2018.10.18	2.43	>	1.87	151→174	+0.56	22.5	0.55
D1		2018.10.18—2019.1.1	0.29	<	3.90	174↔175	—	14.5	0.19
A2	①	2019.1.1—2019.2.17	1.00	≈	1.33	174→169	−0.1	19.7	0.41
	②	2019.2.17—2019.3.15	0.12	≈	0.12	169	—	18.8	0.67
	③	2019.3.15—2019.6.6	5.84	>	5.19	169→145	−0.29	255	3.15
B2	①	2019.6.6—2019.7.17	2.17	<	3.98	145	—	199	4.85
	②	2019.7.17—2019.9.10	0.86	<	4.83	145↔156	+1~−1	137	2.54
C2	①	2019.9.10—2019.9.24	0.07	<	0.75	145→161	+1.14	19.5	1.3
	②	2019.9.24—2019.11.1	2.56	>	2.19	161→174	+0.35	121	3.18
D2		2019.11.1—2020.1.1	0.30	<	1.35	174↔175	—	30	0.48
A3	①	2020.1.1—20020.2.13	0.94	≈	1.13	174→167	−0.16	74.5	1.69
	②	2020.2.13—2020.4.4	1.06	≈	1.09	167→165	−0.04	71	1.42
	③	2020.4.4—2020.6.11	3.81	<	7.22	165→145	−0.29	258.8	3.81

4 滑坡变形特征与破坏模式

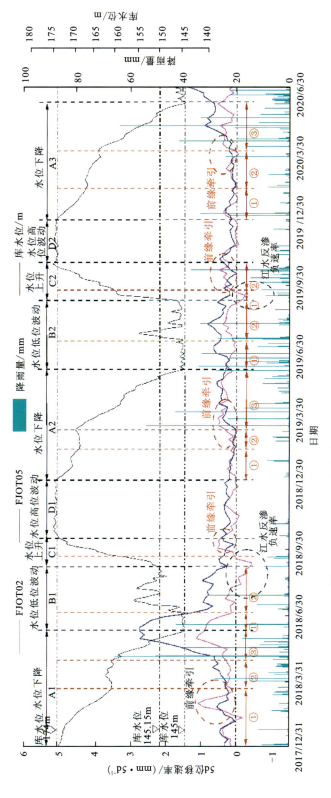

图4.1-3 2018—2020年藕塘滑坡一级滑体位移速率随库水位-降雨量变化过程

水位下降期：A1①、A2(①、②)和 A3(①、②)阶段，一级滑体前缘的累积位移量大于或近似于后缘，前缘在水位慢速下降期 A2①(−0.1m/d)与水位快速下降期 A2③(−0.29m/d)的变形量分别为 1.00mm(≈后缘 1.33mm)和 5.84mm(>后缘 5.19mm)，表明枯水期一级滑体变形主要受库水位下降影响。前缘牵动后缘产生变形，变形量与水位下降速率呈正相关。A1(②、③)、A3③阶段虽然处于水位下降期，但受雨季降雨影响滑坡整体变形同步增加，后缘对降雨更敏感，变形的幅度更大。同样，进入雨季的 A2③阶段前缘变形量为 5.84mm(>后缘 5.19mm)，该阶段降雨强度(255mm)与 A1③(238mm)和 A3③(258.8mm)相近，但平均日降雨量 3.15mm/d 为同期最低(A2③3.15<A3③3.81mm/d<A1③5.53mm/d)，表明在雨季的水位下降期，一级滑体变形受库水位和降雨共同影响，时间段内的降雨强度是影响滑坡变形的关键因素。

水位波动期：B1①和 B2①阶段，库水位保持在 145.00m 附近，前缘的变形速率逐渐回落，后缘的变形速率随降雨波动，该区段变形主要受降雨影响。B1②和 B2②阶段，库水位在 145.00~156.00m 间波动，前缘在两个阶段中后期及 C1 阶段前期(151.00m→161.00m)和 C2①阶段(145.00m→161.00m)均出现了短暂的负速率，分析认为该现象主要是库水位上升，江水反向渗入滑体所致。D1 和 D2 阶段库水位在 174.00m 左右波动，区段内库水位变化幅度和降雨量均较小，滑体后缘变形量大于前缘，表明在不受外界影响因素作用的情况下前缘较稳定，位移速率接近于零，后缘处于蠕滑状态。

水位上升期：C1(151.00m→174.00m)和 C2②(161.00m→174.00m)阶段，一级滑体前缘的累积位移量大于后缘，表明随着库水位上升，一级滑体的变形模式再次转为前缘牵动后缘。其中，C1 阶段的水位上升速率(0.56mm/d)大于 C2②阶段(0.35mm/d)，累积位移量(2.43mm)却小于 C2②阶段(2.56mm)，表明变形与水位上升速率弱相关。

由上述分析可知，正常情况下的库水位变化虽不会导致一级滑体出现类似于降雨诱发的阶跃事件，但会对滑体前缘的稳定性造成一定影响：水位下降期(174.00m→145.00m)和水位上升中后期(161.00m→174.00m)，受库水位影响，一级滑体前缘的稳定性下降，在降雨作用下更容易出现较大变形。在库水位上升前期，由于库水位上升反向渗入坡体，滑体稳定性会小幅度抬升。水位低位波动期(145.00~156.00m)滑体变形主要受降雨控制，水位高位波动期(174.00~175.00m)滑体变形主要为后缘山体的浅部蠕滑。

4.1.3 裂缝变形规律分析

一级滑体裂缝监测点的时间-张合量曲线如图 4.1-4 所示。由图可知，东部变形区整体的裂缝张开量较小，后缘的 DT76 裂缝张合量大于前缘的 L2 裂缝，变形主要集中于 2011—2012 年，张开量分别为 39.3m、5.6mm，在东部治理工程完成后变形幅度逐渐收敛，每年变形加剧发生于降雨集中的 6—7 月，说明降雨是影响东部变形区裂缝变形的主要因素。西部变形区 DT82 裂缝监测点的累积变形量为 112.7mm，该裂缝每年分别于 5—6 月(水位下降期)和 9—10 月(水位上升期)出现两次较大的变形，其中于 2014 年 5 月和 2015

年10月均未出现强降雨但裂缝仍出现了较大变形,说明库水位变化是影响西部变形区裂缝变形的主要因素。截至2019年6月,位于后缘山体的DT106裂缝的累积变形量为131.5mm,该裂缝的变形主要集中于2012年,位移量达96mm,此后年变形量逐渐减小,至今已转为缓慢蠕变。

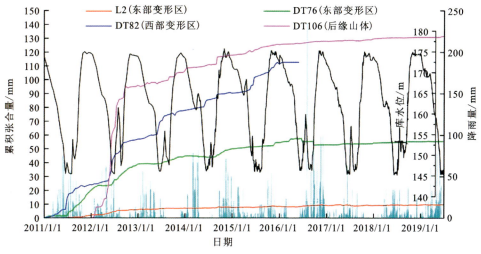

图4.1-4 藕塘滑坡一级滑体裂缝监测点时间-张合量曲线图

二级滑体裂缝监测点的时间-张合量曲线如图4.1-5所示。位于双大田平台的L19裂缝监测点自监测以来一直保持蠕变状态,自2012年以来累积变形35mm,期间未随降雨和库水位出现明显波动。位于西侧山脊的L21裂缝累积变形219.2mm,变形集中于每年降雨集中的7—8月,裂缝监测计于2017年5月的暴雨后破坏,说明降雨是该裂缝变形的主要影响因素。位于老祠堂平台的DT104裂缝变形主要集中于2012年,累积张合量达1472mm,之后一直处于蠕变状态,截至2019年6月累积变形1525mm。位于老祠堂平台

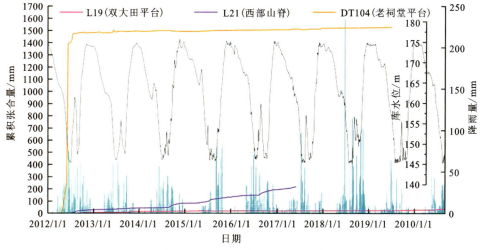

图4.1-5 藕塘滑坡二级滑体裂缝时间-张合量曲线图

东侧的 DT225（图 4.1-6）、DT226 裂缝为 2017 年新出现的裂缝,当年变形量分别达 46mm、77.6mm。位于滑体后缘狮子包垭口拉裂槽处的 LX01～LX04 同样为 2017 年强降雨后出现的新裂缝,最大裂宽达 100mm,说明滑坡沿 R1 软弱层确实存在深部变形。

图 4.1-6　藕塘滑坡 2017 年新生裂缝 DT225

4.1.4　深部位移变形规律分析

选取 M27、M31、M38、M42 四个典型的长量程测斜孔进行分析。其中 M27 测斜孔位于一级滑体前缘西部变形区,M38 测斜孔位于一级滑体后缘,M31 测斜孔位于二级滑体前缘双大田平台,M42 测斜孔位于二级滑体后缘滑坡壁处。由于变形较大,各测斜孔截至 2014 年 3 月均已破坏。3—3′剖面深部位移变形分析见图 4.1-7。

由图 4.1-7 可知,M27 测斜孔的深部位移曲线为 B 型曲线,说明存在多层滑带,曲线分别在高程 135m 和 174m 存在突变,对应部位分别为一级滑坡体滑带（R5 软弱夹层）和西部变形体滑带（岩土分界面）。其中位于高程 135～174m 范围的岩质滑体于 2011 年 3 月前变形程度较大,累积位移 50mm,之后变形明显收敛,截至孔口破坏未再出现较大位移。位于高程 174m 至地面范围的土质滑体在 2011 年 3 月后仍持续变形,截至孔口破坏与岩质滑体产生了 35mm 的位移差。

4 滑坡变形特征与破坏模式

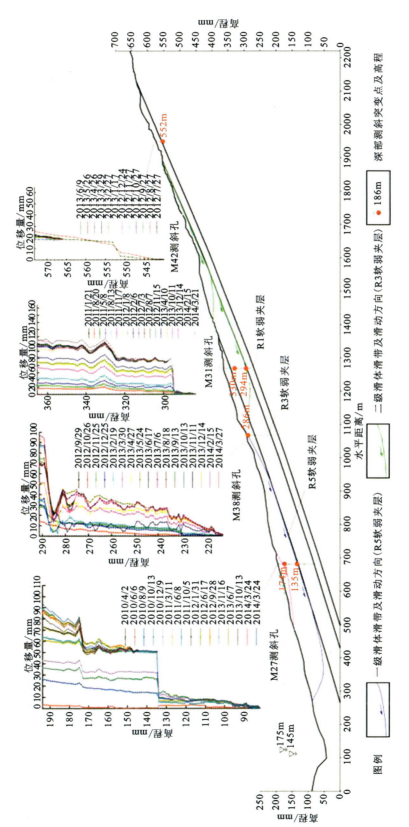

图4.1-7 藕塘滑坡3—3′剖面深部位移变形分析图

M38 测斜孔的深部位移曲线为"R"形曲线,以高程 286m 为分界点,分界点以上位移最大达 100mm,分界点处的位移仅 15mm,分界点以下 R5 软弱夹层的位置未出现明显突变,说明该处已不沿 R5 软弱夹层产生滑动,是一级滑体和二级滑体的分界处。

M31 测斜孔的深部位移曲线为"B"型曲线,分别于高程 294m 和 330m 处存在突变,对应部位分别为 R3 软弱夹层和 R5 软弱夹层处。其中 R3 软弱夹层处产生的累积位移为 100mm,R5 软弱夹层处产生的累积位移为 160mm。

M42 测斜孔的深部位移曲线为"D"型曲线,于高程 552m 处出现突变,对应部位为 R1 软弱夹层,累积位移量较小,仅 20mm。

上述结果表明,藕塘滑坡一级、二级滑体均已出现深部滑动迹象,变形曲线出现突变的高程基本对应滑坡结构的滑带或软弱夹层:一级滑体主要沿 R5 软弱夹层滑动,局部的浅层土质滑体沿岩土分界面形成次一级滑体;二级滑体主要沿 R3 软弱夹层滑动,但 R5 软弱夹层所在部位也出现了较大的突变位移,可能形成次一级的滑面。

4.2 InSAR 变形解译

干涉雷达测量是一种通过相干处理两张 SAR 图像来获取地面高程信息的微波成像技术。SBAS-InSAR 技术有效解决了 D-InSAR 技术中因基线过长导致的相干性丧失问题,降低了图像对基线的依赖性,从而能够更充分地利用数据并提高采样时间的分辨率。此外,该技术还可用于非城市地区地表形态的时间演化分析,与 PS-InSAR 技术相比,SBAS-InSAR 获取的形变序列图在空间上更加连续。

SBAS-InSAR 技术是一种基于 SAR 数据的地表形变监测方法,通过相干处理多幅 SAR 图像,选择空间基线长度较小的图像子集进行组合,基于小基线假设,利用相干矩阵和相位解缠等方法,实现高精度的地表形变监测。SBAS-InSAR 技术的核心是选择合适的 SAR 图像子集,以减小干涉纹的模糊性,同时保持相干性。在处理过程中,SBAS-InSAR 技术利用相干矩阵对 SAR 图像进行相干性分析,通过解决相位解缠问题,得到高精度的地表形变信息。

4.2.1 处理流程

SBAS-InSAR 处理流程如图 4.2-1 所示。

(1)研究区裁剪。由于哨兵数据是条带数据,下载的区域通常较大,处理需要大量时间。因此,需要对数据进行裁剪。首先,导入数据生成 PWR 与 SLC 数据。接下来,对 PWR 数据进行地理编码,在地理编码后的 PWR 数据上选取目标区域并保存,生成目标区域的 SHP 数据。然后,利用获得的 SHP 数据对 SLC 数据进行裁剪,从而获得研究区内的卫星数据。

4 滑坡变形特征与破坏模式

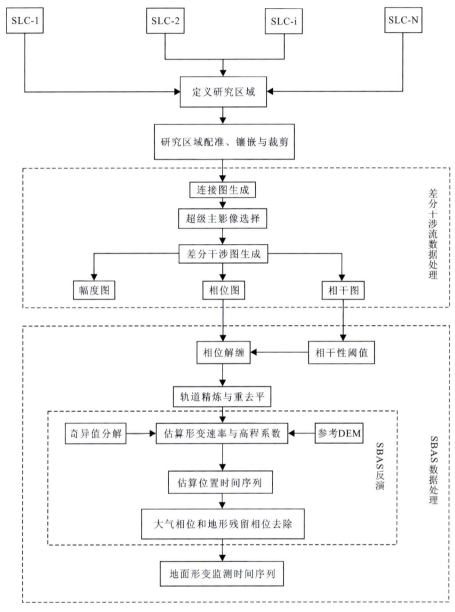

图 4.2-1 SBAS-InSAR 处理流程图

(2)连接图生成。为克服时空基线的相干性缺失问题,并获得高精度的地面形变监测结果,本研究选用了 2017—2021 年间的 145 景 SAR 影像,并进行逐年处理,各组数据处理参数见表 4.2-1。首先自动选择超级主影像,然后任意选择一景影像完成与主影像的配准工作。以设置的时间与空间基线阈值为条件,通过主、辅影像干涉计算生成差分干涉图,进而进行 SBAS 反演和地面形变量的时间序列分析。此步骤涉及的相关数据见表 4.2-1。

表 4.2-1 各分组处理过程相关参数

分组参数		第一组	第二组	第三组	第四组	第五组	第六组	第七组
连接图生成	临界基线/%	3	3	3	3	3	3	5
	时间基线/d	60	60	60	60	60	60	1200
干涉工作流	滤波方法	Goldstein自适应滤波	Goldstein自适应滤波	Goldstein自适应滤波	Goldstein自适应滤波	Goldstein自适应滤波	Goldstein自适应滤波	Goldstein自适应滤波
	解缠方法	Delaunay MCF法	Delaunay MCF法	Delaunay MCF法	Delaunay MCF法	Delaunay MCF法	Delaunay MCF法	Delaunay MCF法
	解缠阈值	0.2	0.2	0.2	0.2	0.2	0.2	0.2
第一次反演	反演模型	线形模型	线形模型	线形模型	线形模型	线形模型	线形模型	线形模型
	解缠方法	Delaunay MCF法	Delaunay MCF法	Delaunay MCF法	Delaunay MCF法	Delaunay MCF法	Delaunay MCF法	Delaunay MCF法
	解缠阈值	0.2	0.2	0.2	0.2	0.2	0.2	0.2
	监测点相干系数阈值	0.2	0.2	0.2	0.2	0.2	0.2	0.2
第二次反演	时间高通滤波/m	1600	1600	1600	1600	1600	1600	1600
	空间域低通滤波/d	365	365	365	365	365	365	365
	监测点相干系数阈值	0.2	0.2	0.2	0.2	0.2	0.2	0.2
地理编码	速率精度阈值/(mm·a^{-1})	15	15	15	15	15	15	15
	垂直精度阈值/(mm·a^{-1})	15	15	15	15	15	15	15

（3）干涉工作流处理。处理过程中,使用精密卫星轨道测量数据和 DEM 数据,对差分干涉图中平地和地形两种相位信息进行估算与移除。采用 Goldstein 自适应滤波,以保证相位解缠结果的准确性。同时,对差分干涉图进行相干性计算,并设置相位解缠时各监测点的相干性阈值、过采样等级和相位解缠方法。此步骤所使用的方法及参数设置见表 4.2-1。在干涉图工作流之后,检查解缠结果,可以移除解缠效果不理想的像对,进行编辑之后的像对连接具有更好的相干性,能得到更优的结果(图 4.2-2)。

（4）轨道精炼与重去平。为解决相位解缠后依然存在的恒定相位与相位坡道,需采用一定数量的高相干性目标点进行去除。

4 滑坡变形特征与破坏模式

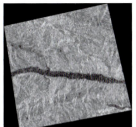

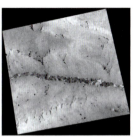

　　相干性差的像对　　　　相干性好的像对　　　　解缠效果差的像对　　　　解缠效果好的像对

图 4.2-2　干涉工作流处理结果图

（5）第一次反演。对结果进行第一次反演、第一次估算形变速率和残余变形，这一步也会进行二次解缠对输入的干涉图进行优化，需选取合适的模型、方法及参数，具体参数见表 4.2-1。

（6）第二次反演。根据第一次反演的初始形变速率估算结果，选取合适的滤波参数与阈值去除差分干涉图中大气延迟相位的影响，相关参数见表 4.2-1。

（7）地理编码。根据输入的参考 DEM 高程数据，对第二次反演的结果进行地理编码，将 SAR 斜距坐标转化为 WGS-84 坐标，对第二次反演结果进行统计，确定并设置各组参数，最终得到藕塘滑坡地理编码后的地面形变时间序列。

4.2.2　结果分析

　　得到的结果显示（图 4.2-3～图 4.2-14），2017—2021 年间，藕塘滑坡一级滑体的变形主要集中在滑体前缘和后缘山体，中部变形相对较小。具体而言，一级滑体后缘西侧山体的最大形变量达到 133mm，而滑体前缘沿江边分布，藕塘西南侧最大形变量达到 128mm。整体而言，一级滑体的后缘变形大于前缘，表明其为后缘推动的推移式滑坡。此外，西部变形大于东部，东部变形大于中部，表明一级滑体可能从东、西两侧逐渐推向长江。

　　对于二级滑体，变形主要集中在中部西侧、后缘、东侧和东北侧。其中，西侧区域变形最为显著，双大田平台后方最大的形变量达到 218mm，而双大田平台的变形较小，最大形变量为 82mm。此外，老油坊西北侧和中间屋西南侧区域也表现出较大的变形，最大形变量达到 189mm。后缘区域变形范围较广，最大形变量为 157mm。东侧变形区域位于鹅颈项平台、刘家包和后缘东侧中部，形变量分别为 108mm、115mm 和 127mm。

　　一级滑体各年度监测数据分析表明，5 年中 2017 年变形最大且变形范围最广（区域内一年最大形变量为 67mm），2019 年和 2021 年变形相对较小（区域内一年最大形变量分别为 40mm、42mm）。一级滑体（除江边区域）2017—2021 年变形呈现减缓趋势，一级滑体后缘中部及东部变形减缓最为明显，相较于 2018 年，2019 年一级滑体东、西两侧变形区及西南侧的变形区减少，但 2020 年得到的结果显示一级滑体东、西侧变形区与西南侧的变形区域均有所增大。2021 年，一级滑体西侧变形区与西南部变形减缓，但东部变形区变形仍较大。一级滑体前缘江边区域 5 年来变形均较大，推测前缘在库水影响下会出现一定的冲刷侵蚀和塌岸变形。

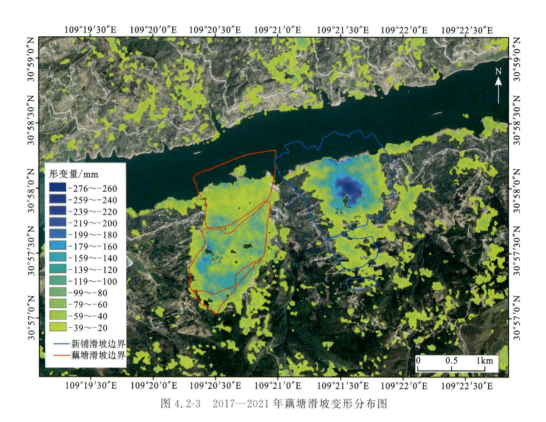

图 4.2-3　2017—2021 年藕塘滑坡变形分布图

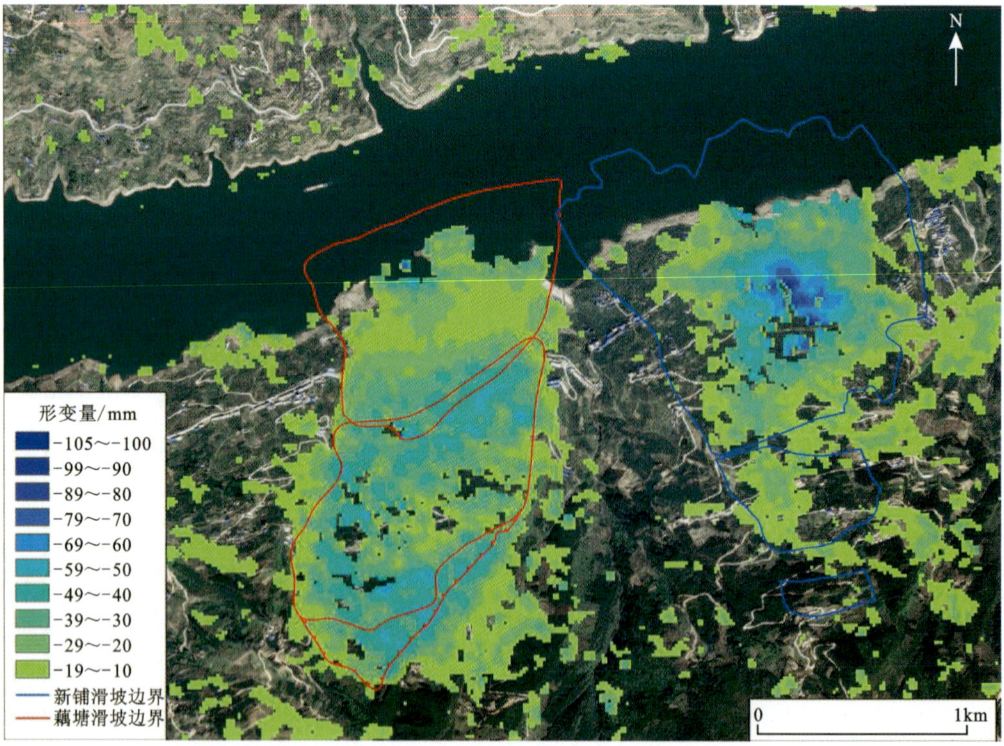

图 4.2-4　2017 年藕塘滑坡变形分布图

4 滑坡变形特征与破坏模式

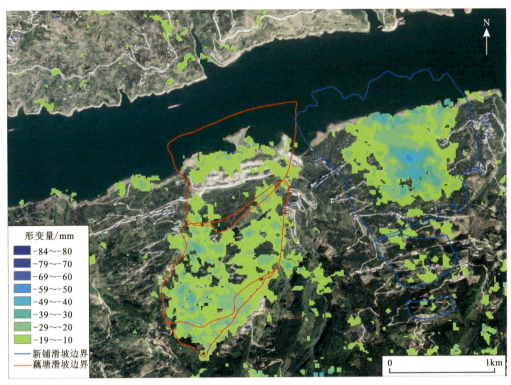

图 4.2-5 2018 年藕塘滑坡变形分布图

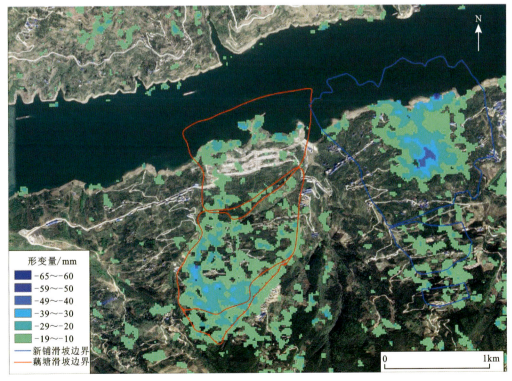

图 4.2-6 2019 年藕塘滑坡变形分布图

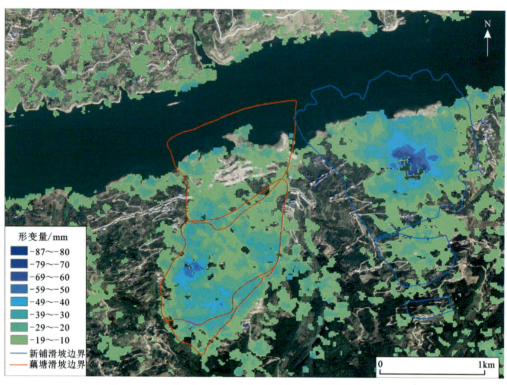

图 4.2-7　2020 年藕塘滑坡变形分布图

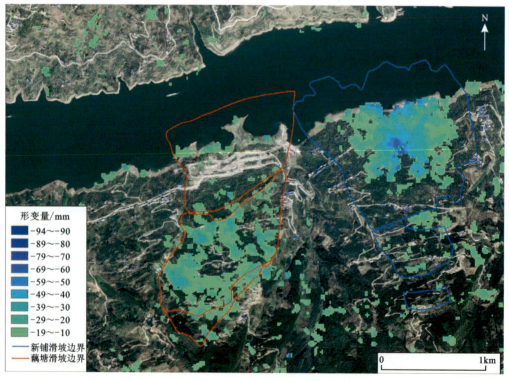

图 4.2-8　2021 年藕塘滑坡变形分布图

4 滑坡变形特征与破坏模式

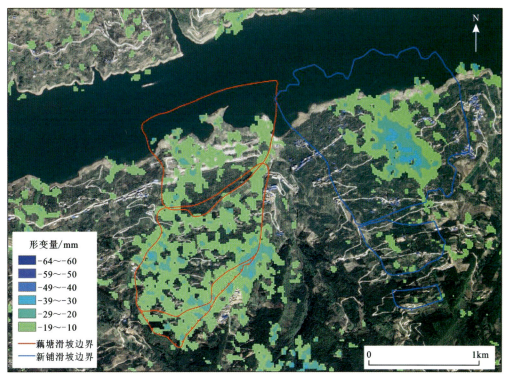

图 4.2-9　2022 年藕塘滑坡变形分布图

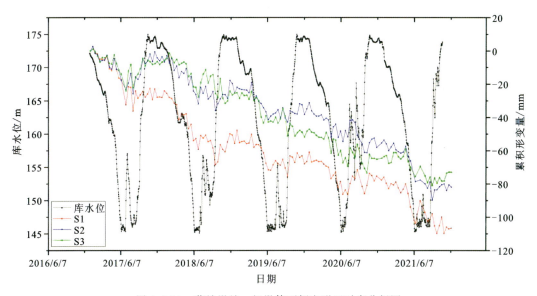

图 4.2-10　藕塘滑坡一级滑体西侧变形区时序分析图

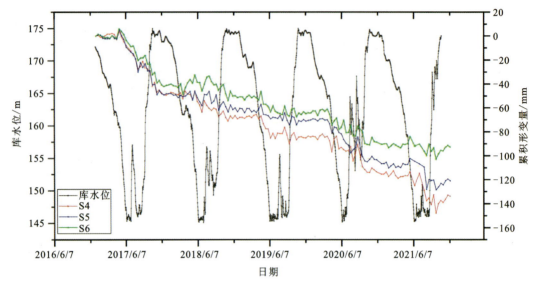

图 4.2-11　藕塘滑坡一级滑体后缘山体时序分析图

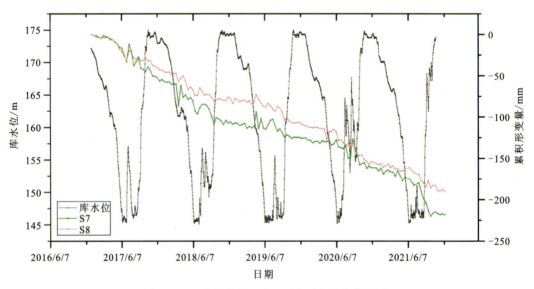

图 4.2-12　藕塘滑坡双大田平台后方时序分析图

4 滑坡变形特征与破坏模式

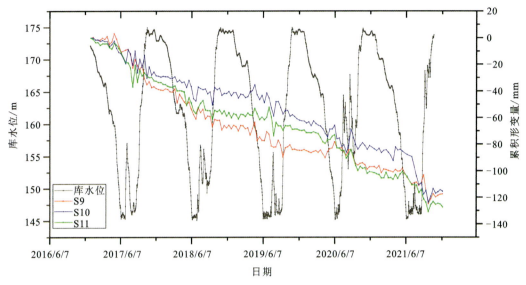

图 4.2-13　藕塘滑坡鹅颈项平台后方时序分析图

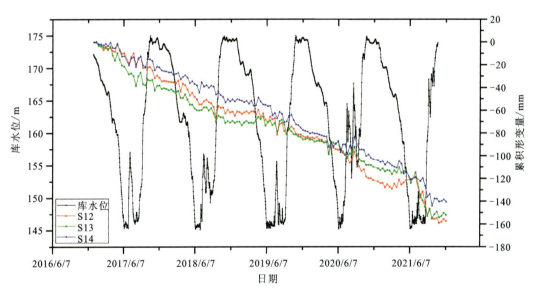

图 4.2-14　藕塘滑坡二级滑体后缘时序分析图

二级滑体各年度监测数据分析结果表明，变形主要分布在前缘的双大田平台、鹅颈项平台、中间屋—老油坊—中大塘周围区域、东侧刘家包、石板坡和太山庙周围区域以及后缘煤炭槽—上大塘—中大塘周围区域。其中，中间屋—老油坊区域是二级滑体变形最大的区域。结果显示，2018 年二级滑体的变形比 2017 年有所减缓，变形减缓最为明显的是鹅颈项平台和双大田平台，中间屋—老油坊区域也有所减缓。相较于 2018 年，2019 年整体的形变量有所下降，变形减弱区主要分布在二级滑体东侧。相较于 2019 年，2020 年整个二级滑体的变形区域增大，各区域形变量也有所增加，最为明显的为中间屋-老油坊区域。此外,二级滑体东侧刘家包附近区域变形也有明显增加,前缘鹅颈项平台变形区域也有所增加,但形变量较小。与2020年相比,2021年二级滑体变形区域有所减小,形变量也有所减小,其中双大田平台后方、鹅颈项平台东部、东侧刘家包区域和后缘煤炭槽、上大塘区域变形减小明显。2022年滑坡变形较之前明显减缓,二级滑体的变形主要集中在前缘、西侧和后缘。其中,西侧中部变形最显著。东侧的刘家包周边和后缘的太山庙、石板坡也有较大变形。

针对滑坡变形大的部位开展监测数据时序分析。一级滑体西侧变形区和后缘山体变形会受到库水位变化的影响,主要体现在库水位下降时变形增大;在库水位上升期间或高水位期间变形较小。双大田平台后方、鹅颈项平台后方及二级滑体后缘均处缓慢蠕变阶段,且变形趋势近似呈线性,但每年的汛期会有一定的突变,其他时间表现为缓慢的蠕变,结合分析推测这种突变是由于集中降雨导致坡体变形增大。综合上述结果分析,二级滑体的变形较一级滑体大;库水位的变化是一级滑体变形增大的关键因素,二级滑体的变形突变主要与汛期的集中降雨有关。InSAR监测结果与GNSS监测结果一致。

4.3 树轮分析

树木年代学是道格拉斯在研究气候与太阳黑子之间关系时发现了树木年轮的宽度变化与其有密切的联系后提出的。他认为可以利用树木年轮来判断年龄及利用树木年轮宽度变化来反演生长立地环境中的气候及其他的变化。自20世纪初以来,随着科学技术手段不断发展,一些学者开始逐渐将计算机技术与树木的年轮融合开展定年研究,其中较多的是研究气候环境、地质体位移变化等。从全球范围来看,在我国较少将树木年代学应用于地质灾害研究中,但国外学者在此方面研究较多,且已建成了较长的树木年轮表。虽然在许多滑坡中应用过树轮地貌学,但将其应用于测定树林中古老的、当前看似稳定的滑坡分析则较少。

4.3.1 研究原理及方法

树木在生长过程中会受到周围环境多种因素的影响。环境因子的改变,如气候、降水等异常变化均会造成树木年轮宽度的改变。另外,土质、风力、树木遮挡及病虫害等也会对树木年轮宽度造成影响。年轮切面图显示了树木年轮的形态特征,包括早材和晚材(图4.3-1)。早材是树木的主要部分,生长快且营养丰富,形成图4.3-1中较浅的区域。晚材是环境条件不佳导致生长减慢或停滞的部分,形成图4.3-1较深的区域。年轮通常由同心圆环组成,可以用来划分年代或滑坡事件的时间,并可精确到月份。年轮划分为早早材、中早材、晚早材、早晚材及晚晚材5个部分。

滑坡时空分布模式的重建方法主要有两种:一是以某年的年轮开始,将年轮宽度与前4年的平均宽度比较,如果连续3年的生长量减少40%或增加50%,则将该年作为滑坡事

4 滑坡变形特征与破坏模式

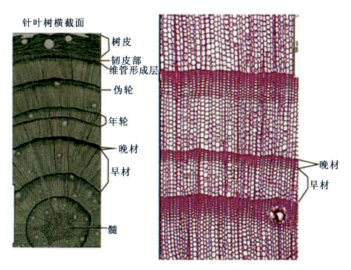

图 4.3-1 年轮切面图

件的起始年份;二是将某一年年轮宽度与前1年年轮宽度相比,如果相比减少50%并且从该年开始连续5年的宽度生长量均减少,则将该年作为滑坡事件的起始年份。

交叉定年原理是同一地区受相同环境影响的树木会表现出相同的年轮变化趋势,针对滑坡的研究则需要将采取的只受气候影响参照树木与滑坡区内受坡体运动和气候双重影响的树木进行对比,从而排除气候影响的年份,使分析结果更准确。骨架图的绘制是在对样品经过一系列处理之后将不同的样芯进行对比的过程,主要包括标记、图纸画图、汇总。

4.3.2 采样与制样

选取合适的树木,取样高度在40~150cm不等,树木受到地质灾害事件出现倾斜现象,则每棵树至少要钻取两根树芯,一根在倾斜方向上钻取,另一根则在倾斜反方向上钻取。一般来说,单个树芯的钻取在弯曲树木最弯曲处。将取回的样芯放在样品槽中,在自然风干的条件下风干30d,然后依次进行如下操作:粘贴、固定、打磨、剖光,形成成品。

在采样时遵循基本原则是尽可能地采取受地貌事件影响较大、数量较多且明显的年轮样品。本次研究每棵树均采取两根树芯,一根在顺树木弯曲方向,另一根则在与树木弯曲方向垂直的方向上钻取。累计采样73棵木,采样点如图4.3-2所示。

4.3.3 基于树木年轮学的滑坡活动分析

滑坡事件是基于研究区内所有样本在同一年出现生长扰动(growth disturbances,GD)的数目和滑坡主体上受影响树木的分布情况而确定的。所有样品中共发现与滑坡滑动有关系的生长扰动达60个,全部都出现了生长减少的现象,同时,生长扰动多的树木平均年龄也较高,可以看出树龄越长,记录到的影响事件越多。

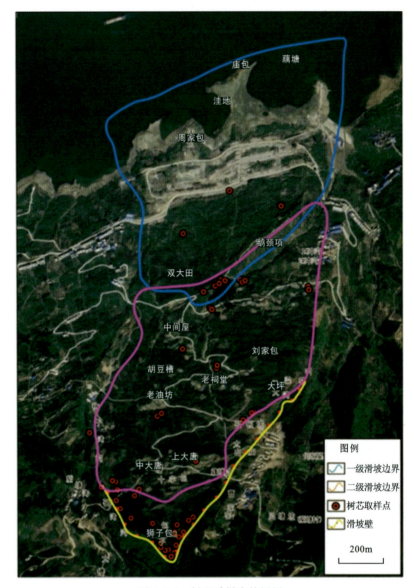

图 4.3-2 树芯采样点俯视图

为了避免随着样本量的增多,可供分析的树木增多,从而过高地估算年轮中出现的生长扰动数目而产生更大的误差,从而引入 Shroder(1978)、Butler 和 Malanson(1985)定义的指标值(I_t):

$$I_t = \left(\sum_{i=1}^{n}(R_t) / \sum_{i=1}^{n}(A_t)\right) \times 100 \qquad (4.3\text{-}1)$$

式中:R 是为 t 年的滑坡事件的响应而显示出生长扰动的树木数量;A 为在 t 年滑坡研究区内存活的采样树木总数。本书中将 $I_t > 4\%$ 的 t 年作为滑坡事件的起始年份,将 $2\% \leqslant I_t \leqslant 4\%$ 的年份进行下一步分析。

4 滑坡变形特征与破坏模式

按照上述 I_t 值规定,最终有 1993 年、1996 年、1998 年、2000 年、2003 年、2004 年、2005 年、2006 年、2007 年、2018 年 10 个年份被确定。其余所计算出 I_t 值<4%的树木被记录下来的树木较少或树龄较短,未达到样本统计量的标准,因此不能作为滑坡滑动的事件。

根据 I_t 值法确定滑坡区内发生滑动的年份有 1993 年、1996 年、1998 年、2000 年、2003 年、2004 年、2005 年、2006 年、2007 年、2018 年。其中 1993 年、1996 年、2000 年、2004 年、2006 年、2007 年虽然 $I_t>4$,但是出现生长扰动的树木过少,出现这种情况的原因是某些局部地形导致树木多次记录了扰动,使得 I_t 值偏高,因此需要剔除。最终将 1998 年、2003 年、2005 年、2018 年 4 个年份确定滑坡为可能发生局部滑动的年份(图 4.3-3)。

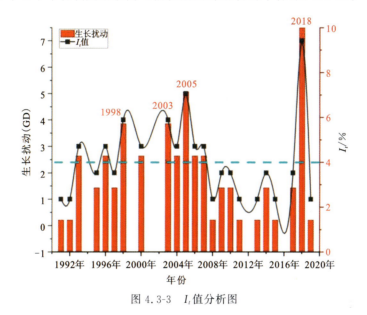

图 4.3-3 I_t 值分析图

4.4 藕塘滑坡破坏模式

4.4.1 滑坡历史时期破坏模式

结合藕塘滑坡测年数据及河谷地貌演化特征,再现了藕塘滑坡形成演化过程(图 2.4-19~图 2.4-28)。目前普遍认为藕塘滑坡一级滑体破坏模式为拉裂滑移-弯曲-剪断,二级滑体破坏模式为平面滑移。进一步考虑藕塘三维精细地质模型,分析藕塘滑坡历史时期破坏模式。

三维精细地质建模显示,藕塘滑坡一级滑体滑动面东侧与 R4 软弱夹层重合,西部与 R5 软弱夹层重合;二级滑体滑动面东侧与 R2 软弱层重合,中部与 R3 软弱夹层重合,西部与 R4 软弱夹层重合。滑动面在东西方向上呈现出切层阶梯状特征,该现象主要受区域地层倾向与河流切割方向控制。为此,进一步提出了藕塘滑坡多软弱夹层控制阶梯状滑动面近顺层向滑动的破坏模式。

该模式的形成受滑坡地质结构及河流与地层切割关系控制作用。以藕塘滑坡一级滑体为例,切层阶梯状滑面滑坡变形破坏模式主要分为以下 3 个阶段:

(1)初始斜坡阶段(图 4.4-1)。滑坡西侧紧邻稳定山脊,前缘与长江河谷斜交。随着前缘河谷的不断下切,斜坡应力重分布致使 R4 软弱夹层形成应力集中。

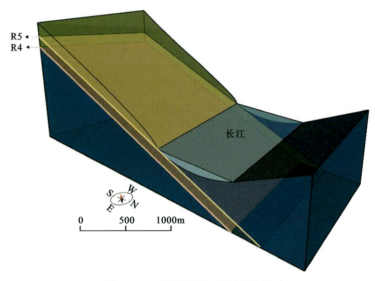

图 4.4-1　藕塘滑坡初始斜坡阶段

(2)推剪变形阶段(图 4.4-2)。随着河谷的不断下切,滑坡前缘受到强烈侵蚀作用,阻滑效应减弱,同时,滑坡前缘河谷下切也为滑坡变形破坏提供了临空条件。受重力作用,后缘斜坡物质沿着 R4 软弱夹层的真倾向(北西向)推动前缘物质变形。

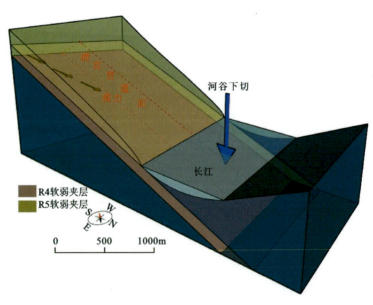

图 4.4-2　藕塘滑坡推剪变形阶段

(3)切层贯通破坏阶段(图4.4-3)。河谷继续下切,滑坡后缘滑体沿着R4软弱夹层向北西方向发生变形,但因为西侧稳定山脊的存在,滑体沿R4软弱夹层的顺层滑动进程受阻,软弱夹层层间岩体剪应力集中。当河谷下切至R5软弱夹层时,软弱夹层层间剪应力不断增大,导致潜在滑移面由R4软弱夹层抬升至R5软弱夹层,形成切层贯通面。

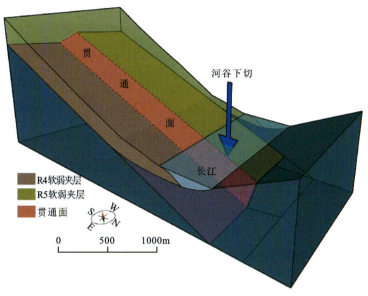

图4.4-3 贯通破坏阶段

藕塘滑坡多软弱夹层控制阶梯状滑动面近顺层向滑动的破坏模式形成的主要条件如下:①结构特征。藕塘滑坡为大型岩质顺层滑坡,且滑坡内存在多个软弱层。②河流切割关系。长江以72°自西向东流经滑坡区,长江流向与岩层倾向斜交,长江与滑坡平面位置关系见图4.4-4。③滑动约束条件。滑坡运动受西侧山体约束,前缘难以沿着后缘软弱夹层产生滑动。

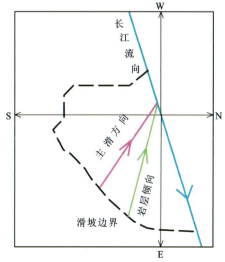

图4.4-4 长江与藕塘滑坡平面位置关系图

藕塘滑坡的形成和演化受多软弱夹层的控制作用,同时河谷与斜坡岩层走向斜交,导致滑坡倾向于沿着多软弱夹层近顺层向滑动。特别地,多软弱夹层发育的顺层斜倾单斜结构是阶梯状滑动面形成的关键控制因素。长江的侧向侵蚀作用为滑坡提供了动力条件和运动空间。

4.4.2 滑坡潜在变形破坏模式

藕塘滑坡经历多期次继承滑动后,已由原来的顺层岩质滑坡演变为现今的大型松散堆积层滑坡。认识藕塘滑坡潜在的变形破坏模式是开展藕塘滑坡变形预测分析及稳定性评价的重要基础。

GNSS、InSAR 及地表裂缝等多源监测数据表明,藕塘滑坡变形同时受到多个滑带和滑体空间位置和形状的控制,在库水位涨落和降雨影响下,不同区域呈现出不同的变形特征。其中一级滑体前缘变形主要受库水位涨落控制,在库水位快速下降/上升作用下发生局部崩滑,后缘主要受降雨影响,表现出"后部推移-前缘牵引"的变形特征;二级滑体变形主要受降雨控制,在降雨作用尤其是强降雨下发生蠕滑,表现出推移式变形破坏特征。总体来讲,藕塘滑坡的变形破坏模式可以总结为一级滑体前缘牵引-后缘推移模式,二级滑体后缘推移模式,如图 4.4-5 所示。

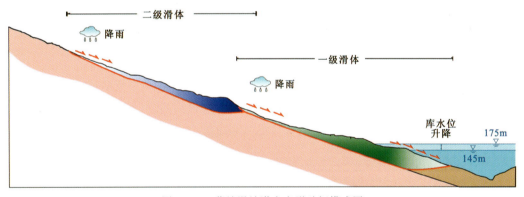

图 4.4-5　藕塘滑坡潜在变形破坏模式图

5 滑坡稳定性与危害性评估

5.1 降雨与库水位波动作用下滑坡稳定性和变形分析

本书采用二维离散元数值模拟方法,利用 universal distinct element code(UDEC)数值模拟软件,模拟藕塘滑坡在降雨和库水位下降阶段坡体位移场变化,分析不同影响因素对滑坡各区域的影响,揭示藕塘滑坡的变形规律。通过设计降雨工况和库水位波动工况,模拟不同暴雨强度下藕塘滑坡各级滑体内部渗流场及位移场变化,对比分析各种工况下滑坡不同区域的孔隙水压力分布与位移变形特点。

5.1.1 模型建立及边界条件设置

(1)模型建立。根据现场调查及地质资料分析结果,考虑到此次主要是模拟滑坡在不同工况下的渗流场、位移场演化规律,选取贯穿整个滑坡的 $B—B'$ 剖面作为计算分析剖面。以高程 0m 处作为模型的底边,模型比例为 1∶1(图 5.1-1)。

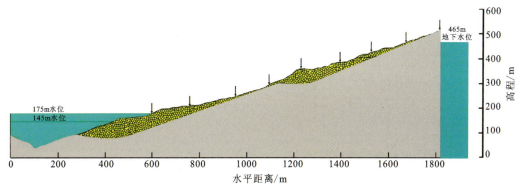

图 5.1-1 藕塘滑坡数值模拟计算模型

(2)边界条件设置。降雨边界条件选取不同暴雨重现期 24h 降雨量进行计算。库水边界为 145m 水位工况,采用固定水位边界,在库水位升降工况中采用变水头边界。动力加载边界:①首先采用固定边界,即固定底部边界竖直方向速度为 0,固定左、右两侧边界水平方向上的速度为 0,使模型在自重应力作用下运行直至稳定;②设置左、右两侧的固定边界为自由场边界,底部边界上施加竖直和水平方向上的黏滞边界,地震荷载以应力的方式施加在模型底部边界。

5.1.2 材料参数及本构关系

(1)材料参数。模拟中所采用的滑体、滑带及基岩物理力学参数见表5.1-1。

表5.1-1 数值模型物理参数表

岩体材料	重度/(kN·m)	黏聚力/kPa	内摩擦角/(°)	渗透系数/(m·d^{-1})	杨氏模量/MPa	泊松比
滑体	25	70	30	0.3	$2.0×10^4$	0.2
基岩	27	800	42	0.001	$2.9×10^4$	
滑带	25	25	16	0.2		

(2)本构关系。滑坡体材料计算时划分为刚性泰森多边形,采用接触面库仑滑移模型模拟滑坡体的节理裂隙,滑体材料的破坏符合库仑-莫尔强度准则。

5.1.3 数值模拟方案

(1)恒定库水位和暴雨作用下藕塘滑坡变形分析。设计以下3种工况:①工况一。145m恒定库水位+10年一遇暴雨。②工况二。145m恒定库水位+20年一遇暴雨。③工况三。145m恒定库水位+50年一遇暴雨。

对于本次设计工况选取降雨历时24h的暴雨强度施加降雨边界条件,计算参数见表5.1-2。

表5.1-2 小时设计暴雨量

暴雨重现期/a	2	3	5	10	20	30	50	100
降雨量/mm	93.3	109.1	126.5	147.8	167.6	178.7	192.4	210.3

(2)库水位不同下降速率条件藕塘滑坡变形分析。设置库水位下降速率分别为0.2m/d、0.5m/d、1.0m/d、2m/d共4种工况,研究不同库水位下降速率对藕塘滑坡内部渗流场及变形特征影响。

5.1.4 结果分析

1. 降雨作用下滑坡变形影响规律

图5.1-2和图5.1-3为藕塘滑坡在恒定库水位与降雨作用下的孔隙水压力云图。对比两图可以发现,坡体浸润线位置在降雨后发生了明显的变化。降雨后二级滑体浸润线位置明显上升,在二级滑体前缘变化尤为明显,浸润线在平台部位出现上凸现象。二级滑体中后部岩体倾角较大,降雨条件下后缘地表径流在平台处汇集,导致此处入渗量剧增。此外,岩体内部孔隙水在自重下沿坡面向下流动,最终汇集到二级滑体前部平台。对比不同暴雨强度下孔隙水压力云图可见,随着暴雨强度提升,浸润线位置上升,坡体内最大孔隙水压力值与范围均有增大。藕塘滑坡各级滑体内孔隙水压力对降雨的响应程度不同,其中二级滑体内孔隙水压力主要受降雨影响。

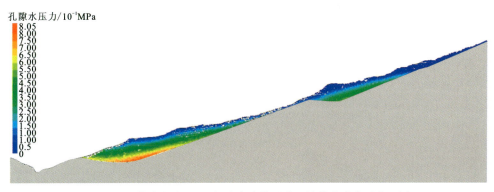

图 5.1-2　藕塘滑坡 145m 恒定库水位无降雨坡体孔隙水压力云图

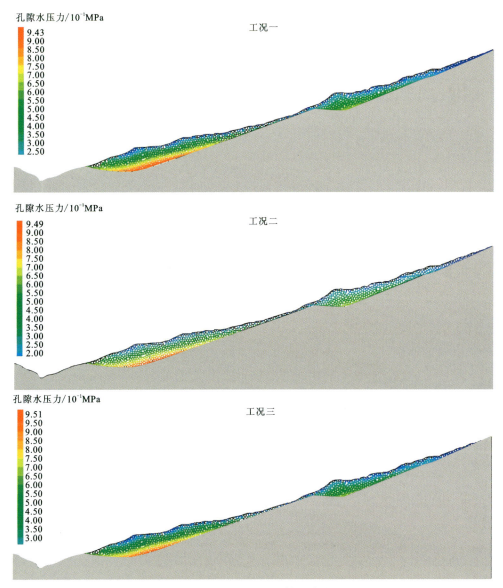

图 5.1-3　藕塘滑坡不同工况坡体孔隙水压力云图

图 5.1-4 和图 5.1-5 分别为藕塘滑坡降雨前后滑坡体的位移变化云图。降雨作用造成整个滑坡体渗流场改变,继而引起滑坡应力场改变,降雨入渗导致滑坡浸润线抬升。浸泡软化在一定程度上降低了岩土体强度,孔隙水压力上升及沿坡面向下的渗透力作用进一步降低了滑坡体的稳定性。在降雨作用下,藕塘滑坡各级滑体受形状、滑床倾角、地形地貌等

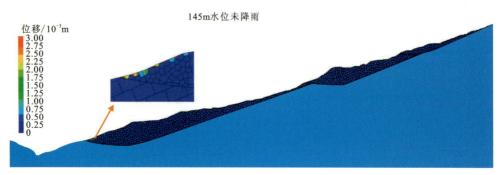

图 5.1-4　藕塘滑坡 145m 恒定库水位无降雨位移云图

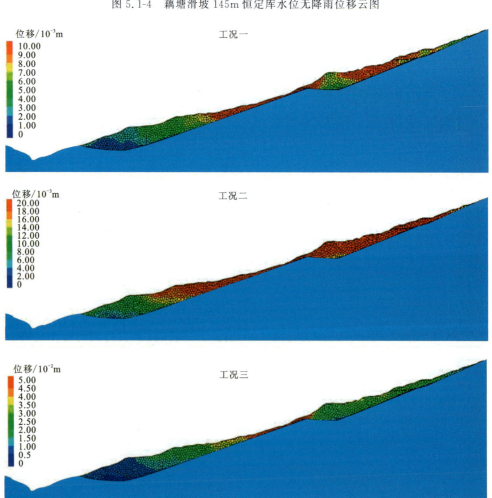

图 5.1-5　藕塘滑坡 145m 恒定库水位不同工况位移云图

因素的影响呈现出不同的变形特征。其中,二级滑体 S2 序次和 S3 序次由于坡度较陡,阻滑段近水平,对降雨的响应较快;一级滑体由于前缘反翘且阻滑段岩土体深厚,对降雨的响应较慢。

2. 库水位下降作用下滑坡变形影响规律

图 5.1-6 为库水位下降阶段滑坡内部孔隙水压力变化云图。在库水位下降过程中,滑体内孔隙水压力逐渐下降,一级滑体变化较明显,其前缘孔隙水压力等值线随库水位下降而下降。一级滑体内的地下水随库水位的下降而快速下降,二级滑体由于距离库水较远,其内部孔隙水压力不受库水位变动影响,二级滑体地下水位线在滑体中部的 S3 序次滑动面附近,S2 序次及坡体浅表层则在旱季基本无水。

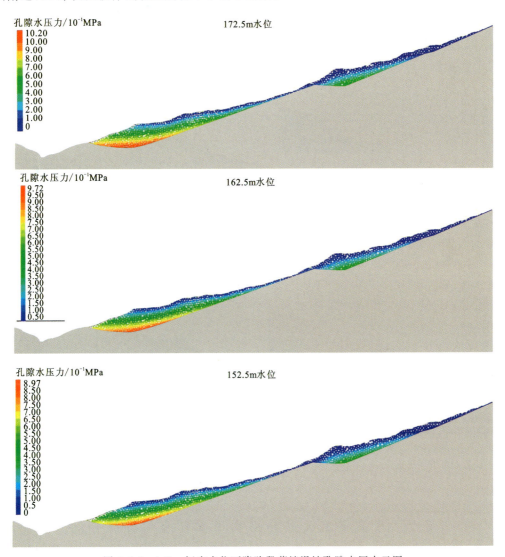

图 5.1-6　145m 恒库水位下降阶段藕塘滑坡孔隙水压力云图

由图 5.1-7 可知,在库水位下降状态下,藕塘滑坡一级滑体位于库水位之下的前缘局部变形较大,处于前缘剪出口附近的岩土体最先发生变形,且随着库水位作用时间增加,这种变形逐渐向上和向坡体内部发展。

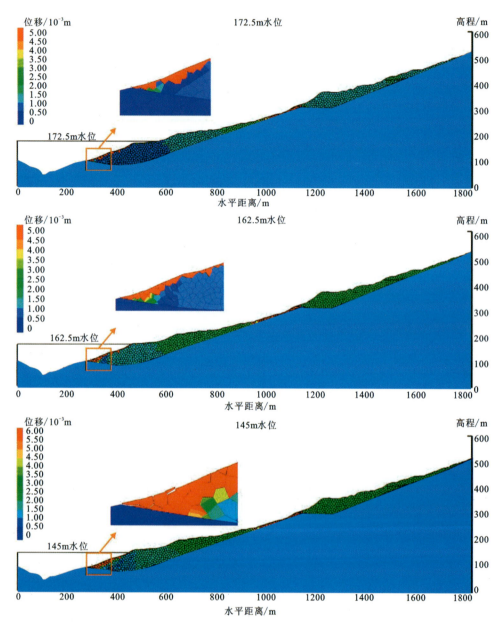

图 5.1-7　145m 恒库水位下降阶段滑坡位移云图

5.2　考虑滑坡变形和影响因素动态稳定性评价

水库滑坡的演化及稳定性受控于内部结构因素与外部环境因素,而滑坡内部地质结构

5 滑坡稳定性与危害性评估

与外部影响因素在长时间尺度下会不断发生变化,所以滑坡的演化状态及滑坡稳定性也会随时间变化而不断变化。因此,滑坡时变稳定性评价是滑坡防治减灾工作的重要基础之一。

考虑到在三峡库区库水位的波动变化以及藕塘滑坡滑带强度演化两个因素的影响,基于藕塘滑坡的滑带时空强度演化模型,本次研究提出了一种考虑水位波动及滑带强度劣化的水库滑坡时变稳定性评价方法,对藕塘滑坡的长期稳定性进行了评价。

本书3.3节滑带土大变形环剪试验获得的天然与饱和状态下滑带土剪应力-剪切位移曲线(图3.3-2),都具有应变软化特点,可以采用如下滑带土剪切本构模型(Zou et al., 2020):

$$\tau=\begin{cases}K_s u\left\{\exp-\left[\left(\dfrac{u-u_y}{u_0}\right)^m\right]\right\}+\tau_r\left\{1-\exp\left[-\left(\dfrac{u-u_y}{u_0}\right)^m\right]\right\},(u\geqslant u_y)\\ K_s u_0\,(u<u_y)\end{cases} \tag{5.2-1}$$

$$m=\dfrac{K_s(u_p-u_y)}{(K_s u_p-\tau_r)\ln\left(\dfrac{K_s u_p-\tau_r}{\tau_p-\tau_r}\right)},\ u_0=\dfrac{u_p-u_y}{\sqrt[m]{\ln\left(\dfrac{K_s u_p-\tau_r}{\tau_p-\tau_r}\right)}} \tag{5.2-2}$$

式中:K_s 为剪切刚度,u_y 为屈服位移;u_p 为峰值位移;τ_p 为峰值强度;τ_r 为残余强度,这些基本参数均可由环剪试验结果获取。

滑带土应变软化本构模型定量描述了滑带剪应力与位移之间的关系,进一步地,可获取剪切强度-剪切位移的本构关系。一般土的剪切强度定义为抵抗剪切破坏的能力,基于该定义,滑带土峰值位移之前的峰值剪应力 τ_p 即可作为最大剪切强度 τ_{sp}。峰值位移后某一位移处的剪应力即为当前状态下剪切强度值。因此,剪切强度随位移的演化模型可修正为

$$\tau_s=\begin{cases}K_s u\left\{\exp-\left[\left(\dfrac{u-u_y}{u_0}\right)^m\right]\right\}+\tau_r\left\{1-\exp\left[-\left(\dfrac{u-u_y}{u_0}\right)^m\right]\right\},(u>u_p)\\ \tau_p,(u\leqslant u_p)\end{cases} \tag{5.2-3}$$

由此可知,滑带剪切强度是随剪切参数变化的,强度参数又是法向应力的函数,所以滑带剪切强度是法向应力与剪切位移的函数,如图5.2-1所示。

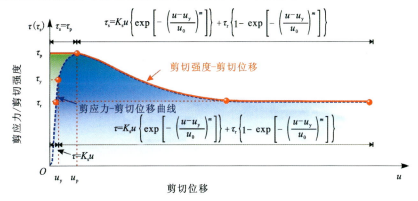

图 5.2-1 滑带土剪切强度-剪切位移关系曲线图

在库区水位周期性波动条件下,滑坡渗流场会随着时间变化而变化。渗流场一方面会影响滑坡体的受力情况,另一方面也会影响滑带强度。同时,水库滑坡随着时间推移会不断产生累积滑移变形。滑坡滑移位移累积的过程也是滑带损伤劣化过程,由于劣化的作用,滑带强度也会随时间发生变化。渗流场与滑带劣化两种因素的综合作用会导致滑坡的稳定性随时间产生变化。基于此提出了如下滑坡时变稳定性求解思路(图5.2-2)。

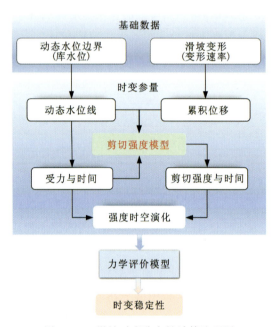

图 5.2-2　滑坡时变稳定性计算流程图

(1)根据库水位随时间变化信息,计算出各不同时间下滑坡渗流场。

选取藕塘滑坡一级滑坡体 $B—B'$ 主剖面,采用 Geo-studio 有限元计算软件建立数值计算模型,按照一级滑体的结构组成分为3种不同材料。以四边形配三角形网格的形式进行剖分,总计剖分 4155 个网格单元、4253 个网格节点,如图 5.2-3 所示。根据室内物理力学试验、现场原位试验以及藕塘滑坡勘查报告等,确定滑体与滑床的渗透性系数分别为 3.35m/d、0.2m/d。

(2)基于滑坡变形监测数据,分析滑坡变形特征,确定滑坡平均变形速率,建立滑坡累计变形与时间的量化关系。

通过现场监测手段以及现场地质调查,藕塘一级滑体总体上呈现出明显的推移式变形(图5.2-4)。由监测数据可知,藕塘滑体一级滑坡后缘至前缘的变形沿水平向近似呈线性递减趋势(图5.2-5),可以求得 2014 年 6 月监测数据累计位移随滑坡空间位置的函数关系。在滑坡初始阶段,可认为滑坡没有变形,可以求得两条曲线的交点,为特征点(x_2 = 1 077.44m)。通过(x_2,0)和滑坡给定时间滑坡中心点累积位移(x_1,U_c),其中 $x_1 = L/2$,$U_c = v_c t$,可以求得任意时刻下滑坡不同位置处的位移为

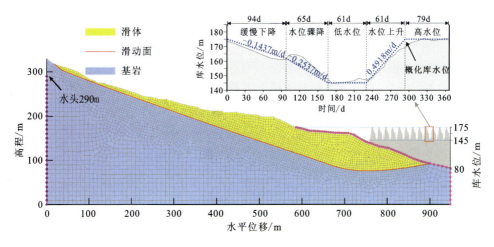

图 5.2-3 滑坡典型剖面数值计算模型

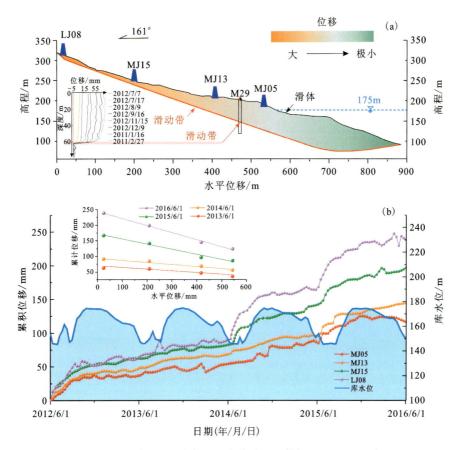

图 5.2-4 藕塘滑坡主剖面地表位移监测数据(2012—2016 年)

$$y = U_c \frac{x_2 - x}{x_2 - x_1} = v_c t \frac{x_2 - x}{x_2 - L/2} \qquad (5.2\text{-}4)$$

式中：x 为从后缘开始与当前滑带位置的水平距离；U_c 为滑坡中心位置累积变形位移；L 为滑坡滑带的水平长度；t 为滑坡变形所经历的时间。由此可以求出任意滑带位置处不同时间下滑带的累积位移，最终建立藕塘滑坡变形与时间之间的量化关系。

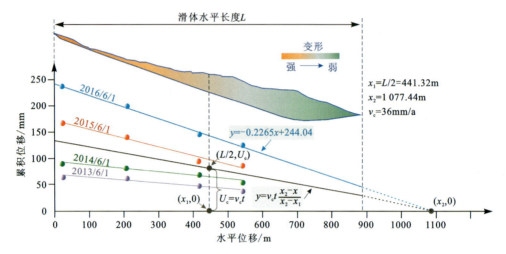

图 5.2-5　藕塘滑坡一级滑体变形分布函数

(3)根据不同时刻渗流场以及不同时刻滑坡变形，基于滑带土剪切强度演化模型，计算不同时刻下滑带剪切强度。

藕塘滑坡中水位以上部分滑带土强度由天然状态(19%含水率)下滑带土的环剪试验所得剪应力-位移曲线结果获取；水位以下部分滑带强度由饱和状态(23%含水率)下环剪试验所得剪应力-位移曲线结果获取。基于滑带土强度模型，可以得到藕塘滑坡滑带土天然与饱和两种状态下不同法向应力、剪切位移滑带土的剪切强度，如图 5.2-6 所示。

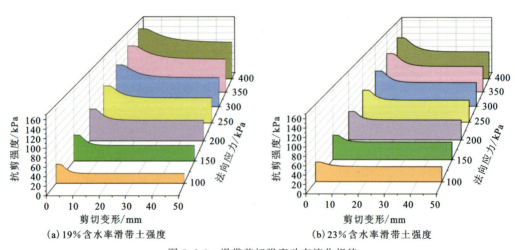

(a) 19%含水率滑带土强度　　　　(b) 23%含水率滑带土强度

图 5.2-6　滑带剪切强度动态演化规律

(4)将不同时间下滑坡条块受力、强度代入稳定性计算力学模型,即可求出水库滑坡时变稳定性。

基于剩余推力法,首先建立滑坡的瞬态稳定性力学模型。以任意条块 i 为研究对象进行受力分析,如图 5.2-7 所示。沿滑体条块滑动方向上建立力的平衡方程,得出强度折减后条块 i 的剩余推力 P_i 为

$$P_i = P_{i-1}\cos(\alpha_{i-1}-\alpha_i) + (W_{ai}+W_{bi})\sin\alpha_i + D_i\cos(\theta_i-\alpha_i) - \tau_{si}l_i/F_r \quad (5.2\text{-}5)$$

式中:P_{i-1} 为强度折减后条块 $i-1$ 的剩余推力;α_{i-1} 和 α_i 分别为条块 $i-1$ 和 i 处的滑移面倾角,反翘段滑面倾角为负值;W_{ai}、W_{bi} 分别为条块 i 上部未浸水部分重量与下部浸水部分重量,上部取天然重度,下部取有效重度;D_i 为条块 i 的渗透压力,其方向与浸润线流向一致;θ_i 为渗透压力与水平面夹角;τ_{si} 是条块 i 底部滑带抗剪强度,可由滑带剪切强度演化模型在上覆滑体不同法向应力状态下获取;l_i 为条块 i 底部的长度;F_r 为强度折减系数。

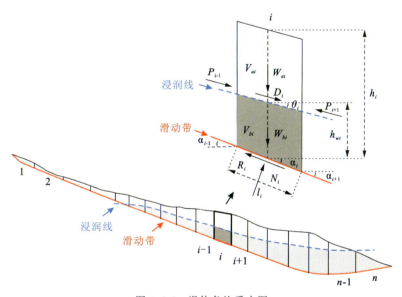

图 5.2-7 滑体条块受力图

设定初始强度折减系数 F_r,然后依次求解各条块的剩余下滑力,不断迭代 F_r 使得最后一条块剩余下滑力 P_n 等于或趋近于 0,所得到的 F_r 为滑坡的稳定性 F_s。

通过数值模拟计算得到藕塘滑坡一级滑体在库水位调蓄过程中的动态地下水渗流浸润线变化规律如图 5.2-8 所示。由图可知,在库水位慢速下降过程中(0~94d)(以 0.143 7m/d 的速率下降),随着库水位下降,浸润线也逐渐降低,浸润线向坡外的斜率越来越大,说明坡体地下水排向水库过程中具有滞后性,见图 5.2-8(a);在库水位快速下降(0.253 7m/d)的过程中(94~159d),滑坡体前缘水位继续下降,且浸润线斜率持续变大,见图 5.2-8(b);在 145m 水位稳定运营期间(159~220d),滑坡体内滞留的地下水逐步向库水消散,浸润线逐

渐变平缓,经一定时间后,滑坡体内形成稳定的地下水渗流场,见图 5.2-8(c);在库水位快速抬升(0.491 8m/d)过程中(220~281d),滑坡体前缘水位不断升高并形成较高的壅水,形成指向坡体内的渗流场,见图 5.2-8(d);在 175m 水位稳定运营期间(281~365d),滑坡前缘的壅水逐步向中、后缘消散,前缘浸润线也由内凹形逐渐恢复平缓,最后与库水位基本持平,见图 5.2-8(e)。

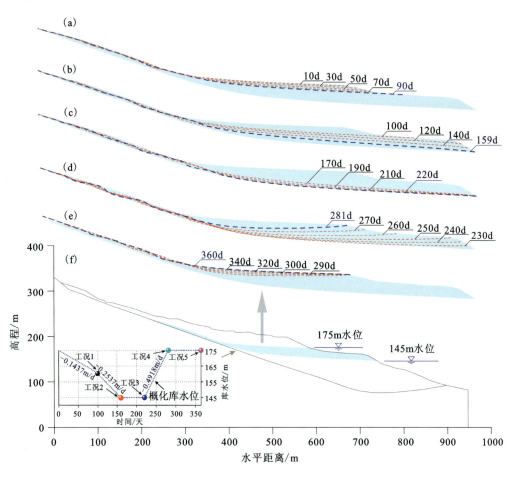

图 5.2-8 库水位波动条件下藕塘滑坡 1 级滑体浸润线变化过程

为了阐述藕塘滑坡强度演化规律,选取了高水位(工况 4)与低水位(工况 2)工况,对其滑带强度演化过程作详细分析(图 5.2-9)。空间上,两种工况下滑带剪切强度在整个滑带空间呈双峰分布,但两种工况下双峰数值却有所变化。在工况 2,滑坡前缘的峰值大于滑坡中部的峰值,而工况 4 情况相反,滑坡前缘的峰值小于滑坡中部的峰值。时间上,初始滑坡还未发生剪切变形,滑带强度开始都处于峰值强度状态,工况 2 与工况 4 峰值强度最大值分别为 370kPa、402kPa;随着时间推移,滑坡进入应变软化状态,滑带强度开始逐渐减小,最后滑坡经历了剪切大变形,大概在持续变形 20a 后,剪切强度保持稳定,为残余强度,数值分别为 288kPa、313kPa。

5 滑坡稳定性与危害性评估

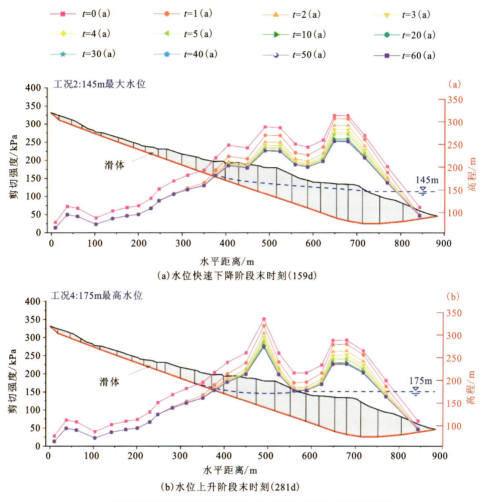

(a)水位快速下降阶段末时刻(159d);(b)水位上升阶段末时刻(281d)

图 5.2-9 滑带强度随时间演化分布曲线

根据水库滑坡时变稳定性评价方法,计算出不同库水位波动阶段关键时刻滑坡的稳定性,如图 5.2-10 所示,其中,工况 1 为库水位慢速降到 162m,工况 2 为库水位快速降到 145m,工况 3 为库水位保持在最低水位 145m,工况 4 为库水位快速上升到 175m,工况 5 为库水位保持在最高水位 175m。研究得出,各工况下滑坡稳定性处于峰值状态。其中,工况 4 滑坡峰值稳定性高达 1.508,工况 2 滑坡峰值稳定性高达 1.358;在前 3 天,各水位工况下滑坡稳定性急剧下降,工况 4 的滑坡稳定性降至 1.174,工况 2 的滑坡稳定性降至 1.064;随后滑坡稳定性下降的速率逐渐减小,并在 20a 左右滑坡稳定性趋于平稳。此时,工况 4 和工况 2 的滑坡稳定性分别为所有工况中的最高和最低,分别为 1.011 和 1.120。滑坡时变稳定性演化曲线表明,长期变形后滑坡在低水位仍处于极限平衡状态。

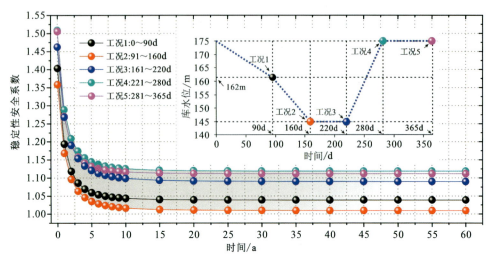

图 5.2-10 滑坡时变稳定性演化曲线图

5.3 滑坡涌浪预测

5.3.1 滑坡位移速度分析

由监测数据与稳定性分析结论可见,藕塘滑坡大部分区域处于基本稳定状态,但西侧变形体存在滑动破坏风险。根据勘查资料,西侧变形体长约 470m,宽约 380m,厚约 20m,体积约 $302.87\times10^4\mathrm{m}^3$,该滑体如发生滑动破坏将诱发滑坡涌浪,威胁附近库岸人员与财产安全。鉴于此,需要对可能产生的滑坡涌浪开展模拟分析,为次生灾害防控提供基础数据。滑坡涌浪预测研究首先采用有限元方法对西侧变形体破坏后的滑动过程与速度进行模拟计算,获取滑体位移随时间的变化曲线,并提取滑体滑动速度数据。在涌浪模拟研究中,采用高精度数字高程模型建立模拟覆盖藕塘滑坡周边约 3km 水域范围的三维数值模型,采用光滑粒子流体动力学程序(smoothed particle hydrodynamics, SPH)开展滑坡流固耦合涌浪模拟。

选取藕塘滑坡西侧变形体 $D—D'$ 剖面开展有限元分析,计算剖面位置与计算模型如图 5.3-1 和图 5.3-2 所示。经计算,滑体上代表性监测点 A 的位移速度随时间变化曲线如图 5.3-3 所示。滑坡在发生滑动后,滑动速度呈先增大后减小的趋势,在 24s 左右时滑体运动速度达到最大值 8.3m/s,在 35s 左右滑体停止运动。

5.3.2 滑坡涌浪分析预测

滑坡涌浪计算模型通过 12.5m 精度的数字高程模型(DEM)建立,模拟河道总长度约为 6km,并在河道中建立了 6 个尺寸为 60m×20m×18m 的长方体漂浮物来模拟船舶。船舶模

5 滑坡稳定性与危害性评估

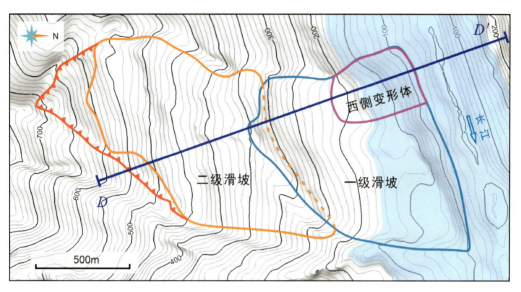

图 5.3-1　藕塘滑坡平面图

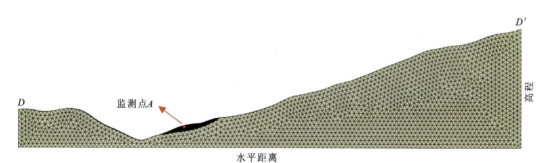

图 5.3-2　$D—D'$ 剖面计算模型

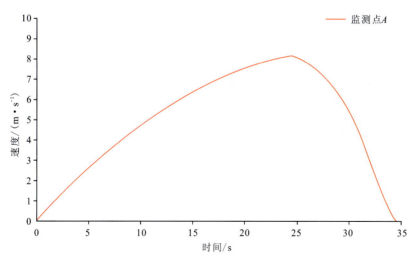

图 5.3-3　监测点 A 位移的速度随时间变化曲线图

型在河道中分 2 行排列,用以模拟长江双向航道航行情况,两航道之间距离为 300m,前后两艘船间距设为 500m。在河道中一共设置 14 个监测点以获取涌浪传播数据(图 5.3-4)。其中,模型 X 方向(顺长江方向)监测点间距为 500m,分别为沿 X 正方向的 X-wg1、X-wg2、X-wg3、X-wg4、X-wg5 和沿 X 负方向的 X-wg-1、X-wg-2、X-wg-3、X-wg-4、X-wg-5。175m 水位下 Y 方向(即滑坡滑动方向)监测点间距为 200m,其中,Y-wg1 距岸边 500m,在 145m 水位状态下 Y-wg2 和 Y-wg3 监测点间距为 100m,分别对 Y-wg1、Y-wg2、Y-wg3 开展 145m 和 175m 两种水位工况模拟工作。SPH 计算程序中模型对象根据其属性分为流体、固体和浮体 3 种类型。在此模型中,水被设置为流体,地表和船舶分别被设置为固体和浮体。

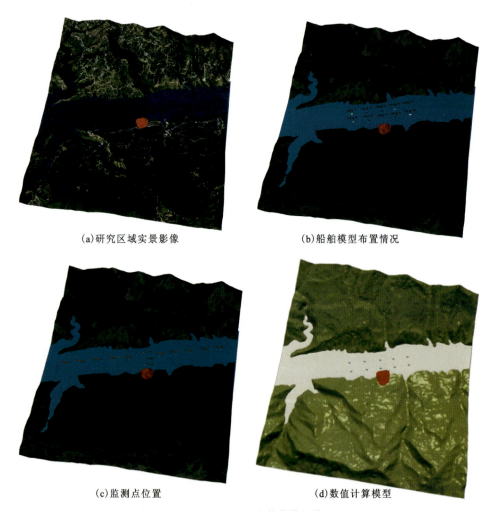

(a)研究区域实景影像　　　　　　　　(b)船舶模型布置情况

(c)监测点位置　　　　　　　　(d)数值计算模型

图 5.3-4　滑坡涌浪数值模拟模型

在 SPH 程序中赋予的模型参数主要包括颗粒间距、液体黏度、密度、漂浮物密度、滑体运动属性、光滑核函数等。本次模拟分析中,粒子间距选择 4m,根据 145m 工况和 175m 工况分别生成了 6 911 419 个和 9 106 137 个粒子,液体密度取 1000kg/m³,船舶模型设置为漂浮状态,这些漂浮物体的密度设置为水的密度的 25%,据此计算船舶吃水深度为 5m,与长江河道上的大多数船舶吃水深度一致。滑体速度根据图 5.3-3 曲线定义,计算工况参数设置见表 5.3-1 和表 5.3-2。

表 5.3-1 175m 工况模拟参数

流体密度/(kg·m⁻³)	1000
粒子间距/m	4
流体粒子数/个	5 889 659
固体边界粒子数/个	3 185 325
滑体粒子数/个	25 061
漂浮物粒子数/个	3946
总粒子数/个	9 106 137
光滑核函数	Wendland
边界条件	DBC
压力修正算法	压力修正算法
人工黏度系数	0

表 5.3-2 145m 工况模拟参数

流体密度/(kg·m⁻³)	1000
粒子间距/m	4
流体粒子数/个	3 697 087
固体边界粒子数/个	3 185 325
滑体粒子数/个	25 061
漂浮物粒子数/个	3946
总粒子数/个	6 911 419
光滑核函数	Wendland
边界条件	DBC
压力修正算法	压力修正算法
人工黏度系数	0

滑坡涌浪模拟结果如图 5.3-5 所示，在 145m 水位条件下，观测到 X 正方向的涌浪传播速度明显快于负方向。涌浪仅用了 114s 就到达了监测点 X-wg-5，而负方向到达监测点 X-wg-5 的时间为 120s。值得注意的是，涌浪在 2 号监测点前的传播速度呈递增状态，在距离入水两侧 1km 范围内传播速度较快，传播距离超过 1km 后，涌浪速度开始逐渐下降。经计算，涌浪在模型 X 负方向(即长江上游方向)的平均传播速度约为 17.35m/s，在 X 正方向(即长江下游方向)的平均传播速度约为 17.96m/s。

在 175m 水位条件下，涌浪的生成较早，并且传播速度更快。在 X 正方向上，涌浪仅用了 100s 就到达了监测点 X-wg-5，而负方向到达监测点 X-wg-5 的时间为 105s。与 145m 水位条件相似，涌浪在 2 号监测点前的传播速度仍呈递增状态，在短时间内传播到入水两侧 1km 处。传播距离超过 1km 后，涌浪速度开始逐渐下降。经计算，涌浪在模型 X 负方向的平均传播速度约为 18.7m/s，在 X 正方向的平均传播速度为 19.56m/s。

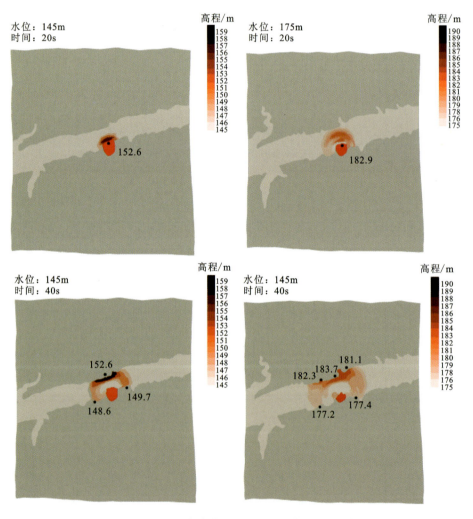

图 5.3-5　145m 和 175m 水位藕塘滑坡下涌浪传播以及爬高模拟结果

5 滑坡稳定性与危害性评估

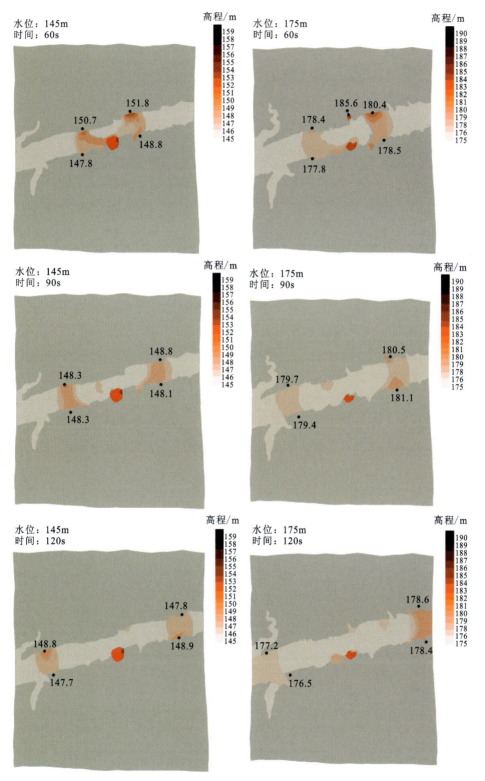

续图 5.3-5

模拟中通过分析如图 5.3-6 所示船舶的 6 种运动状态来分析滑坡涌浪对长江航道中船体稳定性的影响。

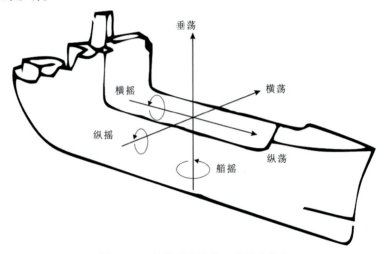

图 5.3-6　船舶在水中的 6 种运动状态

图 5.3-7 是 5 号船（距离滑坡体最近的船舶模型）在两种库水位情况下的横摇、纵摇、艏摇数据。在 175m 库水位条件下 5 号船舶受到的涌浪影响最为显著，该船舶的艏摇角度超过 60°的最大倾斜角度，可能造成船体操作失控。同时，横摇角度也高达 40°，可能会对船体结构造成破坏。在 145m 库水位条件下，尽管涌浪影响相较于 175m 条件有所减弱，但艏摇角度仍超过 20°，横摇和纵摇角度也均达到了 20°，可能造成船舶的稳定性下降和货物倒塌等不利影响。图 5.3-8 是 5 号船在 175m 与 145m 两种库水位情况下纵荡、垂荡、横荡的数据，可见在不同库水位条件下，离滑坡体最近的 5 号船舶的纵荡和横荡运动都超过 100m 的振幅，对船舶航行稳定性带来显著影响。距离滑坡相对较远的其他船舶受滑坡涌浪的影响相对较小，虽不会出现结构性破坏或倾覆灾难，但仍需密切关注船舶运动的稳定以及乘员与货物安全。

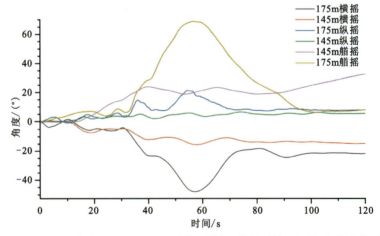

图 5.3-7　5 号船在 145m 和 175m 水位下横摇、纵摇、艏摇随时间变化曲线图

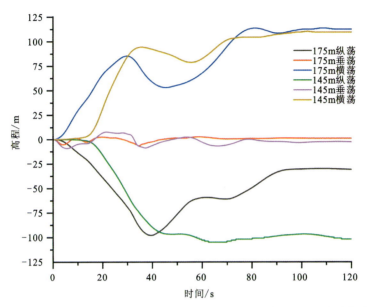

图 5.3-8　5 号船在 145m 和 175m 水位下纵荡、垂荡、横荡随时间变化曲线图

5.4　滑坡危险性分区

藕塘滑坡范围和体积巨大,且滑体变形极不均匀,为客观评价滑体稳定性与不同区域的灾害风险,并指导针对性的防控策略,需基于多种监测方法获取的数据,结合稳定性分析结果开展滑坡危险性分区。

InSAR 地表变形数据显示,在 2017—2021 年间,藕塘滑坡一级滑体的变形主要集中在滑体前缘和后缘山体,中部变形相对较小。一级滑体后缘西侧山体变形最大,达到 133mm,而滑体前缘变形范围沿江边分布,达到 120mm。对于二级滑体,变形主要集中在中部西侧、后缘、东侧和东北侧。其中,二级滑体西侧区域的变形最为显著,双大田平台后方变形最大,形变量达到 218mm,而双大田平台的变形较小,最大形变量为 82mm。此外,老油坊西北侧和中间屋西南侧的区域也表现出较大的变形,最大形变量达到 189mm。二级滑体后缘区域的变形范围较广,最大形变量为 157mm。东侧变形区域位于鹅颈项平台、刘家包和后缘的东侧中部,形变量分别为 108mm、115mm 和 127mm。

GNSS 监测数据同样显示了类似的变形规律。其中,一级滑体的变形主要集中于东、西部变形区和后缘山体,其中西部变形区位于早期抗滑桩治理工程外侧,该区域的监测点水平位移和垂直变形速度均为一级滑体中最高,从地形上看东部变形体外侧紧邻东部冲沟,存在侧向临空区,使东部变形体具有更大的沉降空间;滑体前缘靠近长江区域的变形量略大于中部,在库水影响下稳定性相对较差。二级滑体双大田平台受一级滑体西侧和西侧山脊的影响,前缘的变形方向向北西转化,而中后部失去了向西侧变形的空间,鹅颈项平台受一级滑体东侧变形体的影响,变形程度大于双大田平台,两侧平台后缘的变形程度最大;老祠堂平台前缘和后缘的变形程度相差不大,但后缘的变形程度略大于前缘;草屋包鼓丘西部区域的变形程度最大,且后缘的沉降变形明显大于前缘。东部区域的变形程度相对较小。

一级滑体深部变形数据显示存在多层滑带,M27测斜曲线分别于高程135m和174m出现突变,对应部位分别为一级滑体滑带(软弱层R5)和西部变形体滑带(岩土分界面),这与InSAR形变监测结果和GNSS形变监测结果一级滑体西侧变形区存在较大变形相符。M38测斜孔的深部位移曲线显示R5软弱夹层的位置也未出现明显突变,说明该处已不沿R5软弱夹层产生滑动,是一级滑体和二级滑体的分界处。M31测斜孔的深部位移曲线分别于高程294m和330m处出现突变,对应部位分别为R3软弱夹层和R5软弱夹层,这与InSAR形变监测结果和GNSS形变监测结果一级滑体双大田平台及其后方存在较大变形相符。M42测斜孔的深部位移曲线于高程552m处出现突变,对应部位为R1软弱夹层,累计位移量较小,仅20mm,表明滑坡壁后缘变形较小。

参考藕塘滑坡各剖面稳定性分析结论,库水位升降对一级滑体稳定性影响较大,二级滑体的稳定性则主要受降雨影响。对于藕塘滑坡不同的计算剖面,其一级滑体稳定性均大于二级滑体。在暴雨工况下,在二级滑体后缘有明显的饱和区,说明二级滑体受降雨影响敏感,与现场滑坡变形情况监测较吻合。基于上述多源数据分析,可绘制如图5.4-1所示的藕塘滑坡危险性分区图,其中,滑坡危险性最高的区域分布在二级滑体西侧和后部,中高危险区分布于二级滑体前缘、东侧,以及滑体的西侧变形体,其他区域为中低危险区。

5 滑坡稳定性与危害性评估

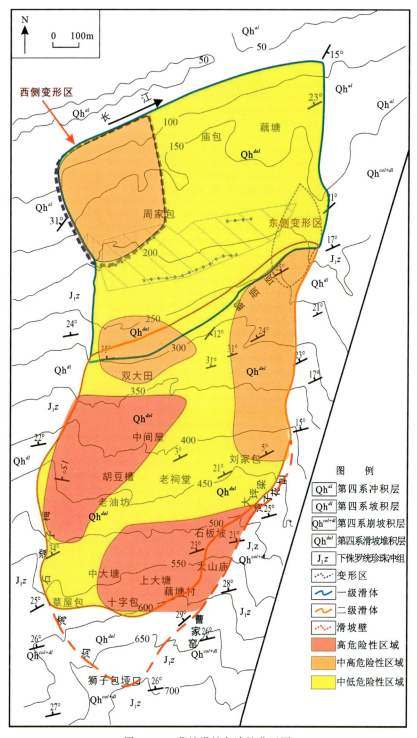

图 5.4-1 藕塘滑坡危险性分区图

6 藕塘滑坡防治对策

6.1 藕塘滑坡现有治理措施

藕塘滑坡自三峡水库蓄水以来变形严重,其体积规模巨大,前缘涉水,受库水位骤降、大气强降雨和滑体变形等多重因素影响,稳定性较差,严重威胁滑坡区人民生命财产安全和长江航运安全。为了保障滑坡区人民生命财产安全,对原安坪镇3900多名居民进行了搬迁,并分别于2002—2003年、2013年、2018—2019年实施了滑坡浅层治理、东部变形区应急治理以及深部排水工程。

滑坡浅表治理工程于2002年初开始施工,2003年11月竣工。治理工程主要分浅层局部治理工程、局部抗滑支挡工程、局部库岸防护工程和排水系统4个部分针对前部浅层滑体进行。

2013年对滑坡东部较严重变形区进行了必要的应急工程治理。东部较严重变形区应急治理工程于2013年4月开工,同年年底竣工。主要工程措施包括变形体东部大沟侧堆填块石、碎块石和碎块石土压脚,压脚坡底设置排洪沟排水,压脚体坡面采用格构+预制六方块护面等。该治理工程对藕塘滑坡东部前缘滑体的稳定性有一定提升,延缓了东部前缘滑体加速变形趋势。

在藕塘滑坡治理工程中,鉴于其庞大的体积和较大的滑带埋深,传统的治理手段,如传统的抗滑桩措施难以深入滑动面以下。因此,为了有效地治理藕塘滑坡地下水问题,2018—2019年实施了藕塘滑坡地下排水工程。藕塘滑坡地下排水工程共布设2条地下排水洞,主洞设置在滑床,于洞顶两侧设置排水孔伸入滑体排除地下水。其中,1♯排水洞位于滑坡下部,全长1 108.0m,排水洞起点底板高程185.0m,排水纵坡降0.5‰。1♯排水洞共设置6条排水支洞,排水支洞垂直于主洞,支洞A长35m、支洞B长50m、支洞C长35m、支洞D长35m、支洞E长45m、支洞F长40m,排水纵坡降3‰。2♯排水洞设置于滑坡中部,总长480m,排水洞起点底板高程290.0m,排水纵坡降0.5‰。共设计4条排水支洞,实际实施2条支洞,排水支洞垂直于主洞,支洞G长30m、支洞H长35m,支洞排水纵坡3‰。

6.2 地下排水防治效果评价

6.2.1 基于地下水位变化监测的滑坡地下排水效果分析

监测数据显示(图 6.2-1),排水洞的流量受降雨及库水位影响。2019 年 11 月至 2020 年 3 月,由于库水位以较低的速率下降,排水洞的地下水流量基本保持稳定,1#排水洞和 2#排水洞流量维持在 30L/min 左右。在此阶段,排水洞的流量主要受降雨强度影响,如 2019 年 11 月至 2020 年 5 月排水洞流量的明显增长都伴随着一次强降雨(图 6.2-2)。2020 年 7 月,随着库水位的抬升,排水洞流量曲线出现峰值,最高可达 200L/min;7 月中旬丰雨期库水位下降期间,排水洞的流量随之降低。监测结果显示,2019 年 11 月至 2020 年 8 月 1#排水洞和 2#排水洞累计排水量分别达 20 079.8m^3 和 18 036.35m^3。

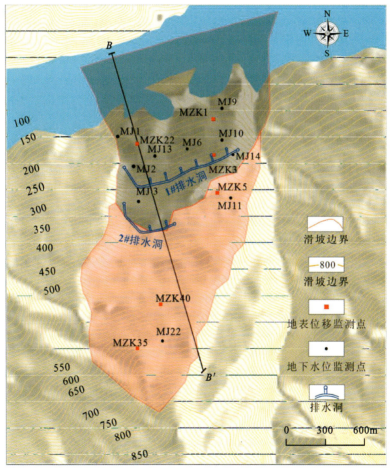

图 6.2-1 排水洞位置及监测点布置图

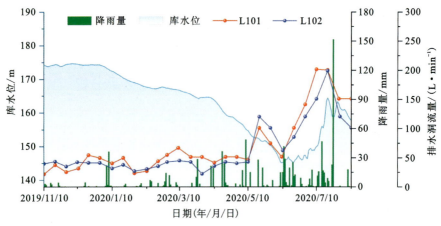

图 6.2-2 排水洞流量变化曲线图

MZK03 地下水位监测点位于一级滑体中部,且靠近 1# 排水洞,监测结果如图 6.2-3 所示。MZK03 监测点附近地下水位在 174.96～183.76m 之间波动,由图 6.2-3 中曲线可知,地下水位在 2016 年 7 月增长幅度最大,水位高程为 183m。而在其他年份的同时期,由于降雨量相较于 2016 年 7 月更低,所以地下水位未出现类似峰值,而是表现出明显的波动现象。这是由于处于丰水期,三峡库区降雨丰富,地下水位受降雨影响而出现波动。当降雨量较少时,随着库水位的波动,地下水位会随库水位发生升降,如 2014—2018 年地下水位会随着库水位发生波动,且受土体渗透性的影响表现出一定的滞后性。因此 MZK03 监测点附近地下水位受降雨和库水位的共同影响。其中库水位决定着坡体地下水位的下限,而降雨则在短期内决定着地下水位的上限。值得注意的是,在 2021 年 7 月(排水洞实施完成以后),降雨量达到近年来的最高值 516.9mm,但地下水位依旧在相对较小的范围内波动,未出现明显变化。地下水位在排水洞建立后逐年下降,同时地下水位波动幅度明显减小,受降雨的波动较 2019 年之前不明显。到 2022 年 10 月时,较 2016 年同期在降雨量更大情况下地下水位峰值下降了 10.3m,说明排水洞在该区域发挥了较大的排水效果。

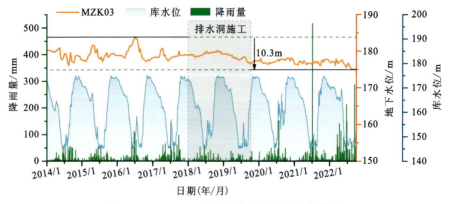

图 6.2-3 MZK03 地下水位监测点变化曲线图

MZK05 地下水位监测点位于二级滑体前缘鹅颈项平台处，由图 6.2-4 可知，监测点所在区域地下水位在 265.84～280.74m 间波动。图中曲线显示，地下水位的波动主要受到降雨条件的影响，会随着降雨的变幅而波动。尤其在每年的 6—8 月，库水位处于较低水位时，该时期三峡库区降雨丰富，地下水位会随降雨出现波动，且每年地下水位峰值大多出现在该时期。与一级滑体中部 MZK03 监测点区域 2018 年后的地下水位变化情况进行对比发现，排水洞实施后，MZK05 监测点的地下水位未出现明显下降。

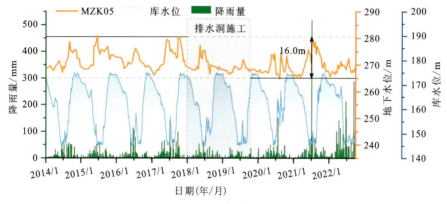

图 6.2-4　MZK05 地下水位监测点变化曲线图

MZK40 地下水位监测点位于二级滑体中后部（图 6.2-5），监测点所在区域的地下水位在 418.0～436.0m 间波动，地下水位受降雨影响，年波动幅度为 18m。MZK40 监测点的地下水位在 2019 年排水洞投入使用后并未出现明显的下降。

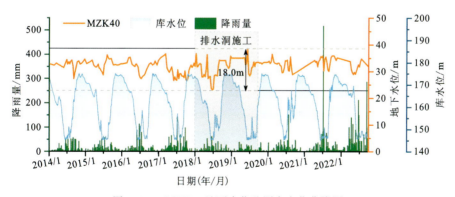

图 6.2-5　MZK40 地下水位监测点变化曲线图

综上所述，排水洞的排水效果存在明显的空间差异性，1#排水洞排水效果较为明显，2#排水洞排水效果不如 1#排水洞明显。

6.2.2　滑坡地下排水防治效果数值模拟研究

采用 GeoStudio 软件中 SEEP/W 模块模拟藕塘滑坡深部排水作用下的渗流场响应规律。在滑坡一级滑体前缘、后缘及二级滑体前缘设置 3 个监测点，分析滑坡体内部孔隙水压力及滑坡稳定性变化规律。

首先通过地下水位观测数据验证数值模型的准确性,进一步开展深部排水数值模拟(图 6.2-6)。地下水在排水洞出露位置处的孔隙水压为 0,因此可以将排水洞位置处的孔隙水压 $P=0$ 作为排水模拟的边界条件。

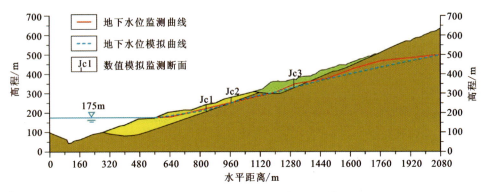

图 6.2-6　藕塘滑坡地下水位监测值与实测值对比图

根据三峡库区水位调度规律,确定了如下库水位变化函数 $H(t)$(单位:m):

$$H(t)\begin{cases}175-0.092\ 4t, t\in(0\sim120\text{d})\\165-0.041\ 3t, t\in(120\sim165\text{d})\\145, t\in(165\sim240\text{d})\\145+0.454\ 5t, t\in(240\sim300\text{d})\\175, t\in(300\sim365\text{d})\end{cases} \quad (6.2\text{-}1)$$

在数值模拟中将 175m 稳定高水位条件下的斜坡渗流场作为模拟的初始条件,结果如图 6.2-7 所示。

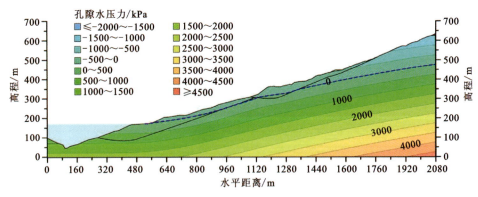

图 6.2-7　藕塘滑坡初始稳态渗流场

在获取到滑坡不同时刻瞬态渗流场之后,采用 Morgenstern-Price 法计算藕塘滑坡稳定性,即可获得排水作用下藕塘滑坡随库水位变动条件下的稳定性变化规律。

6 藕塘滑坡防治对策

模拟结果显示(图 6.2-8),藕塘滑坡在一整个水文年内稳定性随库水位波动存在明显的相关性。尤其是滑坡一级滑体,其稳定性系数会随着库水位下降而下降,随着库水位上升而相应提高;而二级滑体稳定性系数波动较小,说明受库水位波动影响较小。排水洞的布设能有效提高滑体的稳定性,160d 左右为滑坡一级滑体稳定性最差的阶段,在该阶段排水洞布设后使其稳定性系数提高了近 0.085,二级滑体稳定性系数提升相对较少,约提升 0.031,说明 1# 排水洞治理效果更好。

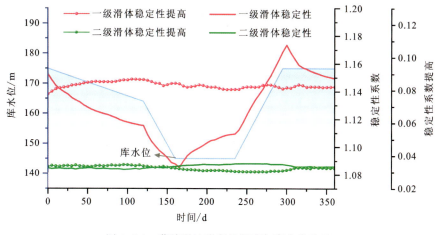

图 6.2-8　藕塘滑坡稳定性提高与库水位关系

为进一步研究库水位下降过程藕塘滑坡在排水前后渗流场的变化,利用 SEEP/W 模块,研究滑坡渗流场的变化情况。

图 6.2-9 为藕塘滑坡排水前后地下渗流场浸润线的变化图,分别对应 0d、15d、30d、45d、60d、75d、90d、105d、120d、135d、150d、165d 地下浸润线的变化。从图中可明显看出,与未排水工况相比,浸润线穿过 1# 排水洞和 2# 排水洞,渗流场发生较为明显的变化。

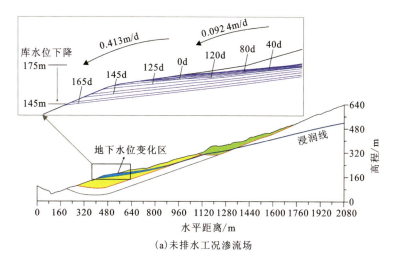

(a)未排水工况渗流场

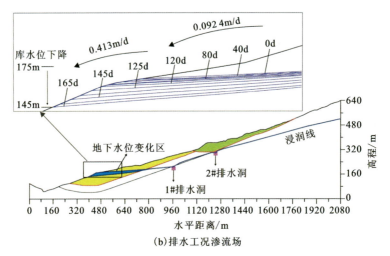

(b)排水工况渗流场

图 6.2-9 藕塘滑坡排水前后地下渗流场浸润线变化

6.3 排水洞优化设计

排水洞的位置直接影响水文场变化情况,进而影响滑坡的稳定性。因此,有必要研究藕塘滑坡排水洞布设位置对藕塘滑坡渗流场及稳定性的影响。上述地下水位及数值模拟结果显示,藕塘滑坡1♯排水洞相较于2♯排水洞排水及防治效果更为明显,故将聚焦于研究1♯排水洞空间位置对滑坡防控的效果评价。

模型通过设置一系列不同位置排水洞,对比分析排水洞位置对滑坡排水效果的影响。在本研究中,将数值模型中排水洞至滑带的距离定义为排水洞布设深度,用符号 H 表示,排水洞的竖向间距为10m;水平距离范围为970m至1150m,用符号 X 表示,每隔30m设置一个排水洞。每一个排水洞为一个模拟方案。以下为排水洞在不同模拟方案下排水洞位置的布设位置图(图 6.3-1)。

1. 布设深度对排水效果影响

1)排水洞布设深度对滑坡渗流场的影响

通过设置排水洞可以有效地将排水洞周围的地下水位控制在一定高程。通过设置不同深度排水洞进行藕塘滑坡渗流场模拟,分析排水洞布设深度对滑坡渗流场的影响,渗流场结果如图 6.3-2 所示。

根据图 6.3-2 展示的不同排水洞深度对滑坡渗流场的影响结果,可以明显看出排水洞的布设能够有效控制其附近区域的地下水位,地下水位浸润线形成了相对稳定的降落漏斗形态。不同深度的排水洞对滑坡渗流场的影响范围及地下水位降深程度也有所不同。

6 藕塘滑坡防治对策

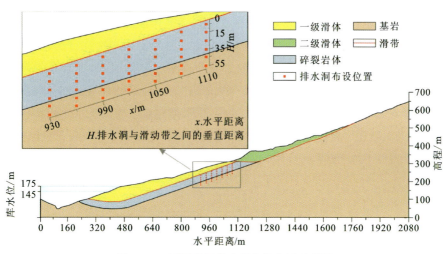

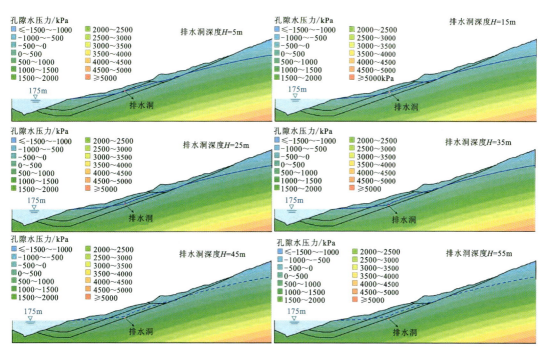

图 6.3-1　不同位置排水洞布设位置示意图

图 6.3-2　不同位置排水洞布设深度渗流场（水平距离＝930m）

具体来看，当排水洞位于碎裂岩体单元时，排水洞深度增加对地下水位的控制效果逐渐提升，表现为地下水浸润线的降深也相应增加。然而，当排水洞布设深度达到滑床基岩中时，尽管排水洞深度继续增加，但其对渗流场的影响有限。这一现象的原因在于当排水洞位于滑床基岩中时，由于基岩的渗透性较差，地下水的流通性受到了限制。因此，排水洞在排出周围岩体地下水的过程中，对滑床内地下水位降深的影响较为有限。

2)排水洞布设深度对稳定性系数的影响

从优化滑坡稳定性的视角出发,当排水洞布置于滑床区域时,其埋设深度的变化对稳定性的影响相对微弱。如图 6.3-3 所示,相较于排水洞位于透水性优良的碎裂岩体之中,其在滑床内的布置对滑坡稳定性的提升效果较为有限。具体而言,排水洞若靠近滑床布置,排水深度的影响较为有限,这主要归因于滑床自身具有较低的渗透性,导致排水洞难以与周边岩土体建立起有效的水力联系。在此情境下,周边岩土中的地下水向滑床内部流动的阻力增大,进而阻碍了排水洞有效排出滑床上方土体中的地下水。鉴于此,研究应聚焦于排水洞在渗透性良好的碎裂岩体中不同位置的布置,以探索更为高效的排水与防治效果。

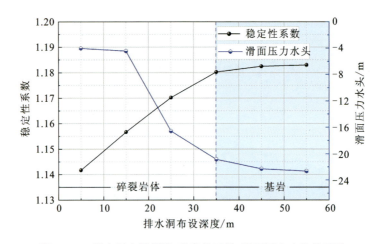

图 6.3-3　排水洞布设深度-稳定性系数-滑面压力水头关系图

图 6.3-4 为不同深度排水洞与滑坡稳定性关系曲线,图中显示不同排水洞的布设深度排水效率有差异。不同布设深度的排水洞布置方案均能提高坡体的稳定性系数,但是提高的程度不同。其中,方案 $H=35$m 相较于其他方案对藕塘滑坡一级滑体稳定性的改善作用更明显,使滑坡稳定性系数提高了近 0.1。此后,随着深度的增加,坡体稳定性虽有提升,但增加不大。因此,从经济合理的角度出发,认为排水洞布设于 $H=35$m 时较为经济合理,不需要继续加深布设深度。因此,对于滑坡排水洞深度的布置应考虑开挖难度和对滑坡稳定性的提升效果。

2. 水平位置对排水效果的影响

1)排水洞水平位置对滑坡渗流场的影响

从图 6.3-5 中可以清晰观察到排水洞布设位置与排水效率之间的关联关系。不同位置的排水洞展现出不同的排水效率,这主要受到碎裂岩体中排水洞位置的空间影响。总体上,靠近滑坡前缘的排水洞排水效率更高,同时滑体内的水压降低,进而提升了滑坡的稳定性系数。分析其原因,滑坡前缘邻近水库,滑体内地下水储量丰富,滑体前缘的大部分土体

6 藕塘滑坡防治对策

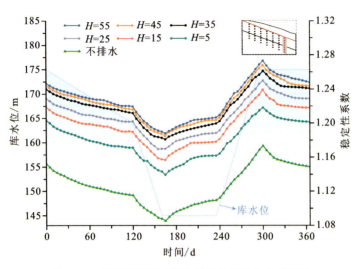

图 6.3-4　不同深度排水洞与滑坡稳定性的关系曲线

处于饱和状态。排水洞持续排水,促使周围岩土体中的水分流向排水洞,导致地下水位线形成降落漏斗形态。

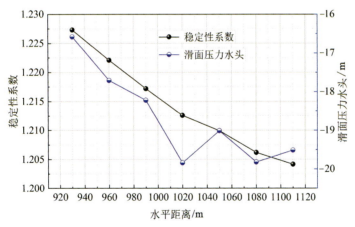

图 6.3-5　排水洞位置-稳定性系数-滑面水头关系图

2)排水洞水平位置对稳定性系数的影响

在其他条件保持不变的情况下,对上述方案 $H=15m$ 的不同位置排水洞作用下滑坡稳定性分别进行计算,得到排水洞排水工况下稳定性随库水位下降过程的变化曲线。

图 6.3-6 表明,不同位置的排水洞布置方案均能提高坡体的稳定性系数,但是提高的程度不同。其中方案 $X=930m$ 对藕塘滑坡一级滑体稳定性的改善作用更明显,使滑坡稳定性系数提高了 0.05。

因此,滑坡排水洞在水平位置布置上应遵循在同一土体性质下排水洞的布置位置越靠近滑坡前缘,其排水洞的排水效果越好的规律。

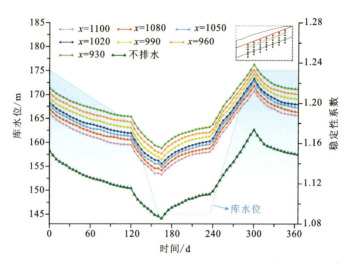

图 6.3-6 不同水平位置排水洞对滑坡稳定性的影响曲线

主要参考文献

陈欢,2014.奉节县藕塘滑坡稳定性分析及监测治理方案[D].成都:成都理工大学.

代贞伟,2016.三峡库区藕塘特大滑坡变形失稳机理研究[D].西安:长安大学.

代贞伟,殷跃平,魏云杰,等,2015.三峡库区藕塘滑坡特征、成因及形成机制研究[J].水文地质工程地质,42(6):145-153.

代贞伟,殷跃平,魏云杰,等,2016.三峡库区藕塘滑坡变形失稳机制研究[J].工程地质学报,24(1):44-55.

管宏飞,2013.靠椅状顺层岩质水库滑坡机理及稳定性预测评价[D].宜昌:三峡大学.

郭希哲,黄学斌,徐开祥,等,2008.三峡工程库区崩滑地质灾害防治[M].北京:中国水利水电出版社.

胡致远,王伟,罗贤敏,2017.库水与降雨联合作用下藕塘滑坡稳定性研究[J].人民黄河,39(7):139-143.

黄达,匡希彬,罗世林,2019.三峡库区藕塘滑坡变形特点及复活机制研究[J].水文地质工程地质,46(5):127-135.

黄静,2014.基于geo-slope对三峡库区藕塘滑坡的稳定性研究[J].长春工程学院学报(自然科学版),15(2):96-98.

简文星,许强,童龙云,2013.三峡库区黄土坡滑坡降雨入渗模型研究[J].岩土力学,34(12):3527-3533+3548.

江巍,陈玮,孙冠华,等,2016.基于DDA方法的藕塘滑坡失稳模式分析[J].防灾减灾工程学报,36(4):551-558+608.

匡希彬,2019.三峡库区藕塘滑坡复活机制及治理措施研究[D].重庆:重庆大学.

李晓,李守定,陈剑,等,2008.地质灾害形成的内外动力耦合作用机制[J].岩石力学与工程学报(9):1792-1806.

李晓,张年学,廖秋林,等,2004.库水位涨落与降雨联合作用下滑坡地下水动力场分析[J].岩石力学与工程学报,23(21):3714-3720.

梁学战,唐红梅,2009.三峡库区及邻近地区滑坡发育宏观地学背景分析[J].重庆交通大学学报(自然科学版),28(1):100-104.

刘传正,李铁锋,温铭生,等,2004.三峡库区地质灾害空间评价预警研究[J].水文地质工程地质(4):9-19.

刘新喜,夏元友,张显书,等,2005.库水位下降对滑坡稳定性的影响[J].岩石力学与工程学报,24(8):1439-1444.

聂世平,王志旭,1987.长江流域滑坡分布与环境关系的探讨[J].水土保持通报(6):29-37.

欧正东,何儒品,谢烈平,等,1992.长江三峡工程库区环境工程地质[M].成都:成都科技大学出版社.

乔建平,吴彩燕,田宏岭,2004.三峡库区云阳-巫山段地层因素对滑坡发育的贡献率研究[J].岩石力学与工程学报(17):2920-2924.

任佳,简文星,崔宇鹏,2016.降雨模式对树坪滑坡稳定性影响分析[J].科学技术与工程,16(16):20-26.

邵晨,苏爱军,李川鄂,等,2021.库水位和降雨联合作用下藕塘滑坡稳定性研究[J].甘肃科学学报,33(6):134-141.

沈玉昌,1965.长江上游河谷地貌[M].北京:科学出版社.

史绪国,2019.时序 InSAR 技术三峡库区藕塘滑坡稳定性监测与状态更新[J].地球科学,44(12):4284.

苏爱军,2008.滑坡稳定性评价原理与方法:条分法的改进[M].武汉:中国地质大学出版社.

苏爱军,陈蜀俊,童广勤,2008.三峡工程库区主要环境地质问题及处置对策[J].长江科学院院报,25(1):5.

苏爱军,霍欣,王杰涛,鲁志春,等,2018.悬臂式抗滑桩内力计算的"三段法"[J].岩土工程学报,40(3):8.

苏爱军,童广勤,等,2009.水库岸坡防护工程可靠性设计与工程技术[M].武汉:中国地质大学出版社.

苏爱军,王建,周涛,2013.分条间作用力倾角的假定及其对条分法计算结果的影响[J].地球科学—中国地质大学学报,38(1):188-194

田陵君,李平忠,罗雁,1996.长江三峡河谷发育史[M].成都:西南交通大学出版社.

王菁莪,崔德山,王顺,等,2019.三峡库区黄土坡滑坡滑带结构与水-力作用性质[M].武汉:中国地质大学出版社.

王孔伟,张帆,林东成,等,2007.三峡地区新构造活动与滑坡分布关系[J].世界地质(1):26-32.

王世梅,刘佳龙,王力,等,2015.三峡水库库水位升降对谭家河滑坡影响分析[J].人民长江,46(8):83-86.

吴树仁,石菊松,张永双,等,2006.滑坡宏观机理研究:以长江三峡库区为例[J].地质通报,25(7):874-879.

伍法权,罗元华,2008.中国典型边坡(三峡库区卷)[M].北京:中国三峡出版社.

主要参考文献

肖捷夫,李云安,蔡浚明,2020.水位涨落作用下藕塘滑坡响应特征模型试验研究[J].工程地质学报,28(5):1049-1056.

肖捷夫,李云安,胡勇,等,2021.库水涨落和降雨条件下古滑坡变形特征模型试验研究[J].岩土力学,42(2):471-480.

谢明,1991.河流水位变幅是影响阶地划分与新构造分析的重要因数:以长江三峡段为例[J].地理学报,46(3):353-359.

杨达源,2006.长江地貌过程[M].北京:地质出版社.

杨家岭,朱维申,罗晓东,等,1998.藕塘古滑体在三峡水库形成后的稳定性分析[J].岩土力学(2):1-7.

易名龙,1996.藕塘滑坡的形成机制及稳定性分析[J].长江水利教育(1):49-54.

殷跃平,黄波林,张技华,等,2022.三峡工程库区地质灾害防治[M].北京:科学出版社.

张帆,王孔伟,罗先启,等,2007.长江三峡库区构造特征与滑坡分布关系[J].地质学报(1):38-46.

张付明,2011.麻柳坡-藕塘滑坡的立体监测[J].绿色科技(6):210-212.

赵龙翔,苏爱军,邹宗兴,等,2022.三峡库区特大型多级岩质滑坡变形特征研究[J].人民长江,53(11):106-111+142.

CASAGLI N,RINALDI M,GARGINI A,et al.,1999. Monitoring of pore water pressure and stability of streambanks: results from an experimental site on the Sieve River, Italy[J]. Earth Surface Processes and Landforms,24(12):1095-1114.

COJEAN R,CAI Y J,2011. Analysis and modeling of slope stability in the Three Gorges Dam reservoir (China)-The case of Huangtupo landslide[J]. Journal of Mountain Science,8(2):166.

DAI Z W,ZHANG Y J,ZHANG C Y,et al.,2022. Interpreting the influence of reservoir water level fluctuation on the seepage and stability of an ancient landslide in the Three Gorges Reservoir area: A case study of the outang landslide[J]. Geotechnical and Geological Engineering,40(9):4551-4561.

GUO Z Z,CHEN L X,YIN K L,et al.,2020a. Quantitative risk assessment of slow-moving landslides from the viewpoint of decision-making: A case study of the Three Gorges Reservoir in China[J/OL]. Engineering Geology(273):105667. DOI:10.1016/j.enggeo.2020.105667.

GUO Z,CHEN L,GUI L,et al.,2020b. Landslide displacement prediction based on variational mode decomposition and WA-GWO-BP model[J]. Landslides(17):567-583.

JIA G W,ZHAN T L,CHEN Y M,et al.,2009. Performance of a large-scale slope model subjected to rising and lowering water levels[J]. Engineering Geology,106(1):92-103.

LI J J,XIE S Y,KUANG M S,2001. Geomorphic evolution of the Yangtze Gorges and the time of their formation[J]. Geomorphology,41(2-3):125-135.

LIAO K,ZHANG W,ZHU H,et al.,2022. Forecasting reservoir-induced landslide deformation using genetic algorithm enhanced multivariate Taylor series Kalman filter [J]. Bulletin of Engineering Geology and the Environment,81(3):104.

LIU J Q,TANG H M,LI Q,et al.,2018. Multi-sensor fusion of data for monitoring of Huangtupo landslide in the three Gorges Reservoir (China)[J]. Geomatics,Natural Hazards and Risk,9(1):881-891.

LUO S L,HUANG D,PENG J B,et al.,2023. Performance and application of a novel drainage anti-slide pile on accumulation landslide with a chair-like deposit-bedrock interface in the Three Gorges Reservoir area,China[J/OL]. Computers and Geotechnics,2023(155):105199. DOI:10.1016/j.compgeo.2022.105199.

MIAO F S,WU Y P,LI L W,et al.,2018. Centrifuge model test on the retrogressive landslide subjected to reservoir water level fluctuation[J]. Engineering Geology,245(1):169-179.

RINALDI M,CASAGLI N,DAPPORTO S,et al.,2004. Monitoring and modelling of pore water pressure changes and riverbank stability during flow events[J]. Earth Surface Processes and Landforms,29(2):237-254.

SU A J, FENG M Q, DONG S, et al., 2022. Improved Statically Solvable Slice Method for Slope Stability Analysis[J/OL]. Journal of Earth Science,33(5):1190-1203. DOI:10.1007/s12583-022-1631-3.

SU A J,ZOU Z X,LU Z C,et al.,2018. The inclination of the interslice resultant force in the limit equilibrium slope stability analysis[J]. Engineering Geology,240(5):140-148.

TANG H M,LI C D,HU X L,et al.,2015a. Deformation response of the Huangtupo landslide to rainfall and the changing levels of the Three Gorges Reservoir[J]. Bulletin of Engineering Geology and the Environment,74(3):933-942.

TANG H M,WASOWSKI J,JUANG C H,2019. Geohazards in the three Gorges Reservoir Area,China-Lessons learned from decades of research[J]. Engineering Geology,105267.

TANG M G,XU Q,HUANG R Q,2015b. Site monitoring of suction and temporary pore water pressure in an ancient landslide in the Three Gorges reservoir area,China[J]. Environmental Earth Sciences,73(9):5601-5609.

WANG J E,SCHWEIZERB D,LI U Q B,et al.,2021. Three-dimensional landslide evolution model at the Yangtze River[J]. Engineering Geology,292(1):106275.

WANG J E, SU A J, XIANG W, et al., 2016. New data and interpretations of the shallow and deep deformation of Huangtupo No. 1 riverside sliding mass during seasonal rainfall and water level fluctuation[J]. Landslides(13):795 – 804.

WANG J E, WANG S, SU A J, et al., 2021. Simulating landslide-induced tsunamis in the Yangtze River at the Three Gorges in China[J]. Acta Geotechnica, 2021, 16(8):2487-2503.

WANG J E, XIANG W, LU N, 2014. Landsliding triggered by reservoir operation: A general conceptual model with a case study at Three Gorges Reservoir[J]. Acta Geotechnica, 9(5):771-788.

WANG S, WANG J E, WU W, et al., 2020. Creep properties of clastic soil in a reactivated slow-moving landslide in the Three Gorges Reservoir Region, China[J]. Engineering Geology(267):105493.

YAN J, ZOU Z, MU R, et al., 2023. Evaluating the stability of Outang landslide in the Three Gorges Reservoir area considering the mechanical behavior with large deformation of the slip zone[J]. Natural Hazards, 112(3):2523-2547.

YE X, ZHU H H, WANG J, et al., 2022. Subsurface multi-physical monitoring of a reservoir landslide with the fiber-optic nerve system[J/OL]. Geophysical Research Letters, 49(11):e2022GL098211. DOI:10.1029/2022GL098211.

ZHANG J, JIAO J J, YANG J, 2000. In situ rainfall infiltration studies at a hillside in Hubei Province, China[J]. Engineering Geology, 57(1):31-38.

ZHANG W, LIAO K, ZHU H H, et al., 2022. Deformation prediction of reservoir landslides based on a Bayesian optimized random forest-combined Kalman filter[J/OL]. Environmental Earth Sciences, 81(7):197. DOI:10.1007/s12665-022-10317-9.

ZOU Z, LUO T, ZHANG S, et al., 2023. A novel method to evaluate the time-dependent stability of reservoir landslides: exemplified by Outang landslide in the Three Gorges Reservoir[J]. Landslides, 20(8):1731-1746.

ZOU Z, LUO Y, TAO Y, et al., 2024. Shear constitutive model for various shear behaviors of landslide slip zone soil[J]. Landslides, 21(12):3087-3101.

ZOU Z, YAN J, TANG H, et al., 2020. A shear constitutive model for describing the full process of the deformation and failure of slip zone soil[J]. Engineering Geology(276):105766.

内部资料

长江勘测规划设计研究有限责任公司,2010. 三峡库区奉节县麻柳坡滑坡(藕塘滑坡)工程地质勘查报告[R]. 重庆:长江勘测规划设计研究有限责任公司.

长江勘测规划设计研究有限责任公司,2011.三峡库区奉节县藕塘滑坡(麻柳坡滑坡)2011年度监测报告[R].重庆:长江勘测规划设计研究有限责任公司.

长江勘测规划设计研究有限责任公司,2012.三峡库区奉节县麻柳坡滑坡(藕塘滑坡)区补充工程地质勘查报告[R].重庆:长江勘测规划设计研究有限责任公司.

长江勘测规划设计研究有限责任公司,2012.三峡库区奉节县藕塘滑坡(麻柳坡滑坡)2012年度监测报告[R].重庆:长江勘测规划设计研究有限责任公司.

长江勘测规划设计研究有限责任公司,2013.三峡库区奉节县藕塘滑坡(麻柳坡滑坡)2013年度监测报告[R].重庆:长江勘测规划设计研究有限责任公司.

长江勘测规划设计研究有限责任公司,2014.三峡库区奉节县藕塘滑坡(麻柳坡滑坡)2014年度监测报告[R].重庆:长江勘测规划设计研究有限责任公司.

长江水利委员会综合勘测局,1995.奉节县迁建城镇新址地质论证报告(详勘阶段)[R].重庆:长江水利委员会综合勘测局.

四川省地质矿产勘查开发局107地质队,1981.1∶20万区域地质调查报告(奉节幅)(1978—1980年)[R].成都:四川省地质矿产勘查开发局.

四川省地质矿产勘查开发局107地质队,1981.1∶20万区域水文地质普查报告(奉节幅)(1978—1981年)[R].成都:四川省地质矿产勘查开发局.

四川省地质矿产勘查开发局南江水文地质工程地质队,1988.长江三峡工程库区新屋、藕塘滑坡工程地质调查研究报告[R].成都:四川省地质矿产勘查开发局南江水文地质工程地质队.

中国地质科学院探矿工艺研究所,2013.三峡库区奉节县麻柳坡(藕塘)滑坡2013年年度监测报告[R].重庆:中国地质科学院探矿工艺研究所.

中国地质科学院探矿工艺研究所,2014.三峡库区奉节县麻柳坡(藕塘)滑坡2014年年度监测报告[R].重庆:中国地质科学院探矿工艺研究所.